Illustration of National Protected and
Rare & Endangered Wild Plants in Sichuan Province

四川省国家野生保护与珍稀濒危植物图谱

<<< 中国科学院成都生物研究所 >>>

主 编／程新颖
副主编／胡 君 李 婷 朱 攀

科学出版社

北 京

内 容 简 介

本书依据《国家重点保护野生植物名录（第一批）》《中国植物红皮书——稀有濒危植物（第一册）》《全国极小种群野生植物拯救保护工程规划（2011-2015 年）》和《四川省重点保护野生植物名录》，经野外考察、资料收集整理，收录四川省分布的以上名录物种、变种和亚种共 142 种。

本书对每一物种在识别特征描述的基础上，绘制了在四川省的县级分布图，同时配置了植物生境、植株及其局部器官等多幅彩色照片，以便让读者在野外能进行核对识别。本书编制四川省分布的珍稀保护植物县级分布的查询表，方便读者进行双向查询检索。

本书可供从事植物、生态、环保、林业、园艺等相关人员查阅参考。

审图号：图川审（2018）76 号

图书在版编目（CIP）数据

四川省国家野生保护与珍稀濒危植物图谱 / 程新颖

主编. -- 北京 ：科学出版社，2018.11

ISBN 978-7-03-057045-1

Ⅰ. ①四… Ⅱ. ①程… Ⅲ. ①野生植物－植物保护－研究－四川②濒危植物－四川－图谱 Ⅳ.①Q948.527.1-64

中国版本图书馆CIP数据核字(2018)第061077号

责任编辑：冯　铂　唐　梅／责任校对：韩雨舟
责任印制：罗　科／封面设计：墨创文化

科学出版社 出版

北京东黄城根北街16号
邮政编码：100717
http://www.sciencep.com

成都锦瑞印刷有限责任公司印刷
科学出版社发行　各地新华书店经销

*

2018年11月第 一 版　开本：889×1194　1/16
2018年11月第一次印刷　印张：13.5

字数：400 千字

定价：189.00 元
（如有印装质量问题，我社负责调换）

编著单位：中国科学院成都生物研究所

主　　编：程新颖

副 主 编：胡　君　李　婷　朱　攀

制　　图：李　婷

《四川省国家野生保护与珍稀濒危植物图谱》一书收集的植物包括两个方面：一是受国家和四川省法律法规保护的种类，具体来讲，就是收录进《国家重点保护野生植物名录（1999 年）》中的 78 种和《四川省重点保护野生植物名录（2016 年）》中的 18 种；二是在上述有关法规和约定以外，还有一些具有重要经济、科研和文化价值的种类，由于人为活动干扰和环境变化，目前已面临灭绝的处境，这些种类中已被世界自然保护联盟（IUCN）列入《世界自然保护联盟濒危物种红色名录》，或被中国政府列入《中国植物红皮书》和《全国极小种群野生植物拯救保护工程规划（2011–2015）》，这些名录虽然不具备法律约束力，但可为各国和各地区的植物保护提供参考。以上两个方面的种类时有交叉，很难严格划分。

四川位于我国西南部，由于地貌上的差异，大致可分为东西两大部分。四川西部海拔最高处贡嘎山主峰高达 7556m，最低处东南部长江河谷海拔仅 180m。自然条件的水平和垂直变化的多样性，孕育了复杂多样的四川植物。四川东部为四川盆地及其边缘山地，四周环山，中部低洼，受太平洋季风影响，湿润多雨，冬暖春早，夏季炎热，盆地周围山地受第四纪以来冰川影响较小，很多古老活化石物种得以保存。四川西部为高原和高山峡谷，北面高原是青藏高原的一部分，谷底平坦，丘顶浑圆，受高原气候影响，冬季严寒漫长，夏季短暂多雨。高原在新构造运动中随青藏高原隆起抬升，一部分物种在这里繁衍进化出全新的种类。南面是高山峡谷，地势高差悬殊，受印度洋和热带大陆气团等多重因素影响，冬暖夏凉，干湿季节分明，是多种热带和亚热带植物的起源中心之一。

复杂多样的地质历史和自然条件，不仅孕育了四川植物多样性的特点，也同样在四川国家重点保护植物和珍稀濒危植物类型中有所体现。如四川东部地区分布的珙桐、红豆杉、桫椤、连香树、水青树等，代表了在地质年代古近纪以来遗留下来的古老种类；西部地区北面分布的芒苞草、巴郎山杓兰、羽叶点地梅、山莨菪等，是青藏高原在隆起过程中演化出来的年轻种类；在西部地区南面河谷地带生长的攀枝花苏铁、云南梧桐、平当树等，则属于亚热带南部和热带植物区系的成分。

尽管物种的绝灭和新物种的形成都属于一个自然演化的过程，但近几十年来，由于全球气候的变化、经济快速发展和人口增加等因素造成的环境破坏，已成为大量植物种类面临绝灭的主要原因。在四川东部，由于原生的植被类型已遭大量砍伐，生态环境破坏严重，一些珍稀植物（如水松）已经再未见发现报道。在四川西部，由于气温升高，一些植物（如绿绒蒿）的数量明显减少或向高海拔地区迁移。还有一些在河谷地区生长的珍稀植物，如五小叶槭、金铁锁等，随着水电站、矿山和道路等基础设施的修建，处境也是岌岌可危。

研究表明，在我国30000种高等植物中，大约有6000种处于濒危状态，有100种以上的植物面临极危或灭绝处境，相当大一部分种质资源在野外已经难以找到。由于物种之间相互依存、相互制约的关系，1个物种的消失，可导致10~30个物种的生存危机，由此可能导致整个生态系统的崩溃。

国家重点保护与珍稀濒危野生植物是大自然留给人类宝贵的自然遗产，具有重要的经济、科研和文化价值，由于认识水平和技术手段的落后，对于它们中的大多数种类，我们还未充分认识。例如五小叶槭，它和分布在日本的红枫并列为世界两大最具观赏价值的枫树种类，日本园艺界已利用红枫培育出数千个享誉世界的园艺品种，而我国对五小叶槭观赏新品种的培育至今仍是个空白。又如川西地区生长的桃儿七、绿绒蒿、金铁锁等，尽管在民间早已作为传统药物使用，但从现代药物学的角度，它们的药理学价值还有待进一步研究。有的种类（如水青树）其木质部里只有管胞，没有导管，而管胞是裸子植物的重要特征之一，由此证明了被子植物与裸子植物之间的进化关系，具有重要的科研价值。贡嘎山东坡分布的垂茎异黄精，随后在云南高黎贡山又被发现，显示了两地在植物区系起源上的相互联系。再如观赏植物珙桐，自100年前被引种到西方后，获得了"中国鸽子树"的誉称，在热爱园艺的西方几乎家喻户晓，并将其作为来自中国的文化使者，然而在它的故乡却鲜为人知，这难道不是一大遗憾吗？因此，我们这一代有责任保护好它们，让它们能得以继续繁衍，不能让我们的下一代只能从图片上看到。

近二十年来，珍稀濒危植物的保护工作已经引起从中央到地方政府的高度重视，除了颁布相关法律法规外，还开展了一些极小种群植物的拯救工作，目前最具成效的方法是就地保护和迁地保护两种方式。就地保护是在原产地建立自然保护区或自然保护小区，如已建的攀枝花苏铁和画稿溪桫椤等自然保护区，距瓣尾囊草保护小区等，这种方式可以有效地保存其遗传性。迁地保护则是将原产地的植株或是人工繁殖的幼苗，搬迁到另一个地方栽培保存，具有快速提高种群数量的效果。

根据多年来的实践，除上述两种技术手段外，极小种群的保护成功与否，还离不开两项重要的措施，一是当地群众的参与，二是加大对国家重点保护和珍稀濒危植物重要意义的宣传工作。光靠专业人员孤军作战注定事倍功半，让群众在参与的过程中增强保护意识并得到一定的经济实惠，这项工作才可能持续发展下去。

该书一共收集了142种国家重点保护和珍稀濒危植物，每种植物配有彩色照片和识别特征、生境、分布等文字描述。该书的出版，既能帮助读者在野外识别这些植物，又可供从事植物、生态、林业、园艺、国土、法律等方面研究的相关人士参考。

　　一个国家或地区对植物的保护重视与否，是该国家或地区社会文明程度的重要标志之一，该书的出版，不仅会大力提升四川省植物保护的科研水平，而且对四川省生态文明建设必将起到积极的推动作用。

邓开清

中国科学院成都生物研究所

二〇一八年九月

　　野生植物是自然界最重要的生产者，是自然生态系统的重要组成部分，是人类最宝贵的财富之一，具有很高的生态、经济、文化和社会价值，在国家生态文明建设中具有特殊的作用。

　　四川省地处中国西南，地形和气候复杂，有许多珍稀、古老的植物种类，是全国乃至世界珍贵的生物基因库之一，是生物多样性研究的热点地区之一，也是生态脆弱性地区之一。近年来，由于人类活动加剧，使得野生植物遭受生境破坏，不合理的开发利用和环境污染等，导致许多野生植物的生存面临严重威胁。

　　为了保护野生植物，国家和四川省都陆续采取了相关措施。1984年7月24日，国务院环境保护委员会公布《中国珍稀濒危保护植物名录》，目的是对我国的珍稀濒危植物予以正式确认，进行重点保护。该名录共列出濒危、渐危、稀有植物354种，并分别规定了每种植物的保护级别。1992年，在国家环境保护局的主持下，中国科学院植物研究所在《中国珍稀濒危保护植物名录》的基础上发布了《中国植物红皮书》。1996年9月30日，我国第一部专门保护野生植物的行政法规——《中华人民共和国野生植物保护条例》由国务院正式发布，在该条例公布后，于1999年经国务院批准，由国家林业局和农业部发布了第一批国家野生保护名录，按其濒危稀有程度和价值分为国家Ⅰ级和Ⅱ级保护植物。2011年，针对种群较小的野生植物，国家林业局、国家发展和改革委员会联合出台了《全国极小种群野生植物拯救保护工程规划（2011–2015年）》。四川省人民政府在2014年11月通过《四川省野生植物保护条例》，于2016年2月制定并公布了《四川省重点保护野生植物名录》。至此，针对四川省野生植物保护的相关法律法规初步形成了从国家到地方的梯度保护等级，并得到了完善。

　　为了促进四川省野生植物的保护，提高对四川省野生保护植物的识别和鉴别能力，中国科学院成都生物研究所科研人员历时多年，做了大量的资料收集、野外科考和整理编写等工

作，终于将《四川省国家野生保护与珍稀濒危植物图谱》编纂完成。

本书所列物种依据《国家重点保护野生植物名录（第一批）》《中国植物红皮书——稀有濒危植物（第一册）》《全国极小种群野生植物拯救保护工程规划（2011–2015年）》和《四川省重点保护野生植物名录》，计种、变种和亚种共142个，并标注了国家保护级别、中国植物红皮书名录等级以及是否为极小种群野生植物和四川省重点保护野生植物。

本书得到了四川省应用基础研究项目"《四川省国家级野生保护植物图谱与分布》编著"（2014JY0126）、国家科技基础性工作专项项目"我国主要灌丛植物群落调查"（2015FY110300）、四川省环境工程评估中心项目"四川省珍稀保护植物数据库建设"、中国科学院山地生态恢复与生物资源利用重点实验室、生态恢复与生物多样性保育四川省重点实验室项目的支持。

本书是凝聚集体智慧的结晶。在本书策划和审校过程中，得到了刘庆研究员的大力支持；在物种名录整理与地理分布校对过程中得到了陈庆恒研究员、印开蒲研究员、高宝纯研究员的支持；在开展调查和编写工作中，得到了四川省林业厅、四川省林业科学研究院、四川农业大学、成都理工大学、成都信息工程大学、四川师范大学、西华师范大学、雅安市林业局、凉山彝族自治州林业局、广元市林业局、攀枝花市林业局、巴中市林业局、乐山市林业局、泸州市林业局、资阳市林业局、绵阳市林业局、甘孜藏族自治州林业局、自贡市林业局、眉山市林业局、宜宾市林业局、遂宁市林业局、贡嘎山国家级自然保护区管理局、石棉栗子坪国家级自然保护区、黄龙国家级风景名胜区管理局、四川瓦屋山省级自然保护区管理局、稻城亚丁国家级自然保护区管理局等多个管理、科研、教学单位以及众多植物爱好者的积极支持。在此对他们的支持表示衷心的感谢！

由于野外考察和编写时间较短，收集资料有限，编著者和编辑者的业务水平有限，书中难免有不妥和不足之处，敬请广大读者批评指正。

编者

二〇一八年九月

编写说明

1. 本书收录了以下物种数据：①《国家重点保护野生植物名录（第一批）》（1999年）四川省记录分布的78种，其中Ⅰ级16种，Ⅱ级62种；②《全国极小种群野生植物拯救保护工程规划》（2011-2015年）四川省记录分布的14种；③《中国珍稀濒危保护植物名录（第一册）》（1987年）和《中国植物红皮书——稀有濒危植物（第一册）》（1992年）四川省记录分布的87种；④《四川省重点保护野生植物名录》（2016年）的18种。由于物种的分类系统依然还在修订之中，部分以上文件中记录的物种，有的在发表后未被接受，有的在 *Flora of China*（FOC）中已经被归并，对于这些植物，以前记述四川有分布的，我们均列入作出说明，由于部分物种同时处于上述不同保护工程规划名录中，所以本书共计收录种、亚种及变种142个。

2. 本书分为真菌类、蕨类植物、裸子植物、被子植物四部分。由于《国家重点保护野生植物名录（第一批）》作为法律条文的附件，具有相应的法律约束力，本书每部分基本按照《中国植物志》科属顺序排列，从而与名录对应。但另一方面，由于近年来植物系统学的快速发展，许多物种的系统学位置发生了变化，部分类群的分类研究结果之间争议较大（如木兰科属的划分），对于这些类群，本书主要采用编写专家的处理意见。本书中文名在原则上参照《中国植物志》的情况下，充分考虑其在地方的具体使用目的，部分根据《四川植物志》进行拟定。在 *Flora of China*（FOC）中被归并处理的，我们仍然保留描述，但在附注中予以说明。广为栽培的银杏、水杉、莲等没有确切资料显示在四川有野生分布的，本书未列入。

3. 本书在文字描述的基础上，为每一物种绘制了县级的分布图。物种的分布信息依据国内标本馆的馆藏标本、发表的科研论文、出版的专著等确定。但由于四川本底资料调查滞后，

《四川植物志》也尚在编撰过程中，所以本书仅是根据现有资料进行县级分布制图，对省内广泛栽培物种（如厚朴、杜仲、川黄檗、红椿等）的分布，我们根据多年考察经验和编写专家专业判断进行了筛选，使之更接近于自然。物种具体分布的文字描述以四川省行政区划编码顺序进行排列。

4.本书经过广泛征集和鉴定，为142个分类群配置了近600幅彩色照片，峨眉山莓草未征集到合适照片，采用了标本照进行代替，以便能尽量清晰、明确地展示物种特征。

5.本书还标注了每个物种在《国家重点保护野生植物名录（第一批）》《中国植物红皮书——稀有濒危植物（第一册）》《全国极小种群野生植物拯救保护工程规划（2011–2015年）》《四川省重点保护野生植物名录》（2016年）中的保护级别。其中，国家保护级别根据《国家重点保护野生植物名录（第一批）》（1999年）确定，Ⅰ和Ⅱ分别表示国家Ⅰ级和国家Ⅱ级重点保护野生植物；稀有、渐危、濒危植物级别根据《中国植物红皮书——稀有濒危植物（第一册）》确定，少部分参照了《中国珍稀濒危保护植物名录（第一册）》进行确定；极小种群物种根据《全国极小种群野生植物拯救保护工程规划》标注，"√"表示该物种在全国极小种群野生植物名录中；四川省重点保护野生植物根据《四川省重点保护野生植物名录》（2016年）确定，"√"表示该物种在四川省重点保护野生植物名录中。

目录

被子植物 Angiospermae

真菌
Eumycophyta

1. 虫草（冬虫夏草）

Ophiocordyceps sinensis (Berk.) G.H. Sung, J.M. Sung, Hywel-Jones & Spatafora

国家保护	中国植物红皮书	极小种群	四川保护
II 级			

【识别特征】寄生在蝙蝠蛾科昆虫幼虫上的虫草真菌座及幼虫尸体的复合体。子座单生，细长如棒球棍状，长 3~11cm；不育柄部长 3~8cm，直径 1.5~4mm；上部为子座头部，稍膨大，呈圆柱形，长 1.5~4cm，褐色，密生多数子囊壳。幼时内部中间充塞，成熟后则空虚，柄基部与幼虫头部相连，幼虫深黄色，细长圆柱形，长 3~5cm，有 20~30 环节，外表粗糙，背部有多数横皱纹，腹面有足 8 对，位于虫体中部的 4 对明显易见。微臭，味淡。冬虫夏草菌于秋冬侵入蝙蝠蛾科幼虫，来年 5~7 月自幼虫头部长出呈草梗状菌座。

【生境】生于海拔 3000m 以上的灌丛或草甸中。

【分布】平武县、马尔康市、金川县、小金县、阿坝县、若尔盖县、红原县、壤塘县、汶川县、理县、茂县、松潘县、九寨沟县、黑水县、康定市、泸定县、丹巴县、九龙县、雅江县、道孚县、炉霍县、甘孜县、新龙县、德格县、白玉县、石渠县、色达县、理塘县、巴塘县、乡城县、稻城县、得荣、木里藏族自治县。

子座

生境

全株

腹足

口蘑科 Tricholomataceae >>>

2. 松口蘑（松茸）

Tricholoma matsutake
(S. Ito & S. Imai) Singer

国家保护	中国植物红皮书	极小种群	四川保护
Ⅱ级			

【识别特征】常与松栎等植物共生，菌蕾如鹿茸，菌盖直径 5~20cm，半球至平展，污白色，密被黄褐色至栗褐色平伏的纤毛状鳞片，表面干燥。菌肉肥厚，白色。菌褶白色或稍带乳黄色，较密，不等长。菌柄粗壮，长 6~20cm，直径 1~3cm；**菌环以上污白色并有粉粒，菌环以下具栗褐色纤毛状鳞片，内实，基部略膨大。**菌环丝膜状，生于菌柄的上部，上部白色，下部与菌柄同色。孢子印呈白色。

【生境】生于海拔 2000m 以上的林下、灌丛中。

【分布】米易县、盐边县、石棉县、马尔康市、金川县、小金县、壤塘县、理县、茂县、康定市、泸定县、丹巴县、九龙县、雅江县、道孚县、炉霍县、甘孜县、新龙县、德格县、白玉县、石渠县、色达县。

全株

菌柄

生境

蕨类植物

Pteridophyta

水韭科 Isoëtaceae >>>

3. 高寒水韭

Isoëtes hypsophila Handel.-Mazzetti

全株

国家保护	中国植物红皮书	极小种群	四川保护
I 级			

群落

【识别特征】多年生沼生小型蕨类。基生叶3~8，多汁，草质，线形，形似韭菜；长3~4.5cm，宽约1mm，内具4个纵行气道围绕中肋，并有横膈膜分隔成多数气室，先端尖；基部广鞘状，膜质，宽约4mm。孢子囊单生于叶基部，黄色。大孢子球状四面形，表面光滑无纹饰。

【生境】生于海拔3500~4300m的高山湿地、湖泊、沼泽草甸。

【分布】红原县、九龙县、白玉县、理塘县、稻城县。

孢子囊

生境

4. 狭叶瓶尔小草

Ophioglossum thermale Kom.

国家保护	中国植物红皮书	极小种群	四川保护
	渐危		

【识别特征】多年生地生**小型蕨类**。叶单生或 2~3 叶同自根部生出，总叶柄长 3~6cm，纤细；**营养叶为倒披针形或长圆倒披针形**，远高于地面之上，单叶，草质，淡绿色，具不明显的网状脉；**孢子叶自营养叶的基部生出，柄长 5~7cm，高出营养叶**。孢子囊穗长 2~3cm，狭线形，先端尖，由 15~28 对孢子囊组成。孢子灰白色，近平滑。

【生境】生于海拔 100~3000m 山地草坡上或温泉附近。

【分布】崇州市、邛崃市、峨眉山市、汉源县、小金县、乡城县、会东县、美姑县、喜德县、冕宁县。

孢子囊穗

叶片

群落

全株

金毛狗蕨科 Cibotiaceae >>>

5. 金毛狗蕨

Cibotium barometz (Linn.) J. Sm.

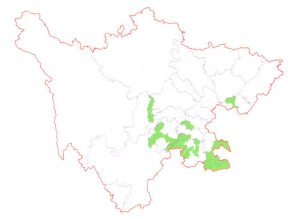

国家保护	中国植物红皮书	极小种群	四川保护
Ⅱ级			

【识别特征】大型蕨类。根状茎卧生，粗大。叶柄长达 120cm，棕褐色，**基部被有一大丛垫状的金黄色茸毛，形如狗头**；叶片长达 180cm，广卵状三角形，三回羽状分裂。孢子囊群在每一末回能育裂片 1~5 对，生于下部的小脉顶端，囊群盖坚硬，棕褐色，横长圆形，两瓣状，内瓣较外瓣小，**成熟时张开如蚌壳**，露出孢子囊群；孢子为三角状的四面形，透明。

【生境】生于海拔 100~1600m 山麓沟边及林下阴处酸性土上。

【分布】合江县、叙永县、古蔺县、威远县、沐川县、峨眉山市、峨边彝族自治县、宜宾市(南溪区)、宜宾县、长宁县、高县、屏山县、雅安市(雨城区)、芦山县、岳池县。

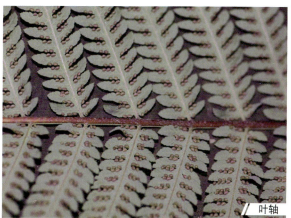

叶轴

羽片

生境

幼叶

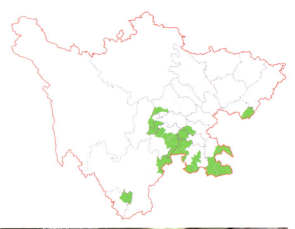

6. 桫椤

Alsophila spinulosa
(Wallich ex Hooker) R. M. Tryon

国家保护	中国植物红皮书	极小种群	四川保护
Ⅱ级	渐危		

【识别特征】**木本蕨类植物。**茎干高达 6m 或更高；叶柄具刺，叶螺旋状排列于茎顶端，长 1~2m，宽 0.4~1.5m，三回羽状深裂；羽轴、小羽轴和中脉上面被糙硬毛，下面被灰白色小鳞片。**孢子囊群孢生于侧脉分叉处，靠近中脉，有隔丝，囊托突起，囊群盖成熟后开裂反折覆盖于主脉上。**

【生境】生于海拔 260~1600m 的山地溪傍或疏林中。

【分布】邛崃市、荣县、米易县、合江县、叙永县、古蔺县、威远县、乐山市（沙湾区、五通桥区）、犍为县、沐川县、峨眉山市、宜宾县、长宁县、筠连县、珙县、屏山县、雅安市（雨城区）、雷波县、邻水县、洪雅县。

叶柄

孢子囊

生境

植株

桫椤科 Cyatheaceae »»»

7. 粗齿桫椤

Alsophila denticulata Baker

国家保护	中国植物红皮书	极小种群	四川保护
Ⅱ级			

【识别特征】**木本蕨类植物**。主干短而横卧。叶柄红褐色，基部鳞片金黄色；叶簇生，披针形，长35~50cm，二回羽状至三回羽状；羽轴红棕色，有疏的疣状突起；**小羽轴及主脉背面被淡棕色泡状小鳞片，边缘有黑棕色刚毛。孢子囊群圆形，生于小脉中部或分叉疣；囊群盖缺；隔丝多，稍短于孢子囊**。

【生境】生于海拔300~1500m的山谷疏林、常绿阔叶林下及林缘沟边。

【分布】合江县、古蔺县。

孢子囊

植株

叶背

生境

桫椤科 Cyatheaceae >>>

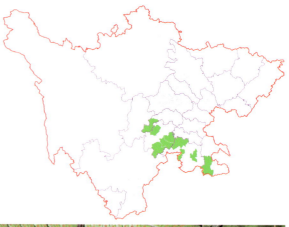

8. 小黑桫椤

Alsophila metteniana Hance

国家保护	中国植物红皮书	极小种群	四川保护
II 级			

【识别特征】**木本蕨类植物**，植株高达 2m 多。根状茎短而斜升，密生黑棕色鳞片；叶柄黑色，基部生宿存的淡棕色鳞片；叶片三回羽裂，羽片长达 40cm，**叶背侧脉上有针状长毛**；羽轴红棕色；小羽轴的基部生黑棕色鳞片，先端呈弯曲的刚毛状。**孢子囊群生于小脉中部**，**囊群盖缺**，隔丝多。

【生境】生于海拔 300~1500m 的山坡林下、溪旁或沟边。

【分布】叙永县、犍为县、沐川县、峨眉山市、马边彝族自治县、宜宾县、长宁县、洪雅县。

孢子囊

幼叶

生境

植株

凤尾蕨科 Pteridaceae >>>

9. 中国蕨

Aleuritopteris grevilleoides（Christ）
G.M.Zhang ex X.C.Zhang

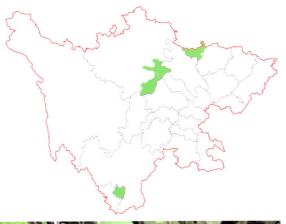

国家保护	中国植物红皮书	极小种群	四川保护
Ⅱ级	稀有		

【识别特征】旱生型蕨类，植株高 18~25cm。根状茎短而直立，密被鳞片。叶簇生，叶柄长 10~18cm，黑色或栗黑色；**叶片五角形，中央羽片最大、一回羽状深裂，小羽片全缘或下部有不规则粗齿**；叶脉在末回裂片上羽状分叉，极斜向上，**下面被腺体，分泌白色蜡质粉末**。孢子囊群生小脉顶端，囊狭，覆盖孢子囊群。

【生境】生于海拔 1100~1800m 的裸露石岩上或灌丛岩缝。

【分布】米易县、青川县、汶川县、茂县。

植株

叶背

生境

凤尾蕨科 Pteridaceae >>>

10. 水蕨

Ceratopteris thalictroides (L.) Brongn.

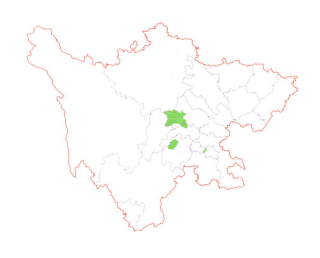

国家保护	中国植物红皮书	极小种群	四川保护
II 级			

【识别特征】湿生蕨类，高可达 70cm。根着生于淤泥中；叶柄连同叶轴不显著膨胀，由于水湿条件的不同，叶片形态差异很大；不育叶基部圆楔形，二至四回羽状深裂；能育叶叶片长圆形或卵状三角形，二至三回羽状深裂。孢子囊沿能育叶的裂片主脉两侧的网眼着生，棕色，幼时为连续不断的反卷叶缘所覆盖，成熟后多少张开，露出孢子囊。

【生境】生于池沼、水田或水沟的淤泥中，有时漂浮于深水面上。

【分布】温江区、大邑县、新津县、崇州市、邛崃市、自贡市（自流井区）、峨眉山市、眉山市（彭山区）。

叶背

叶片

生境

植株

冷蕨科 Cystopteridaceae >>>

11. 光叶蕨

Cystoathyrium chinense Ching

国家保护	中国植物红皮书	极小种群	四川保护
I 级	濒危	√	

【识别特征】中型阴地常绿蕨类。**根状茎短横卧，几乎光滑无鳞片。**叶近生，叶柄基部稍膨大；叶片狭披针形，一回羽状，羽片羽状深裂。孢子囊群圆形，生于基部上侧小脉背部；**囊群盖被压于孢子囊群下面，似无盖，孢子为圆肾形、深褐色，具有密棘状突起。**

【生境】生于海拔 200~2500m 的林下阴湿处。

【分布】天全县。

植株

叶背

生境

12. 玉龙蕨

Sorolepidium glaciale Christ

孢子囊

国家保护	中国植物红皮书	极小种群	四川保护
I 级	稀有		

【识别特征】旱生型蕨类，高约 20cm。**全体密被鳞片及长柔毛。**叶簇生；柄褐棕色，上面有 2 条纵走沟槽，直通叶轴；叶片线形一回羽状，羽片长圆形，长约 1cm，宽约 3mm，全缘或略浅裂。**孢子囊群圆形，**生于小脉顶端，位主脉与叶缘间，每羽片 3~4 对，**无囊群盖，通常被鳞片所覆盖。**

【生境】生于海拔 3200~4700m 的岩石、高山冰川穴洞、岩缝。

【分布】宝兴县、汶川县、理县、康定市、九龙县、甘孜县、稻城县、木里藏族自治县、洪雅县。

植株

群落

生境

水龙骨科 Polypodiaceae >>>

13. 扇蕨

Neocheiropteris palmatopedata
(Baker) Christ

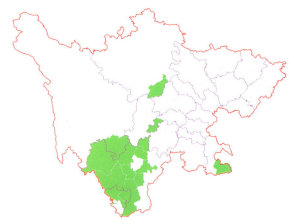

国家保护	中国植物红皮书	极小种群	四川保护
Ⅱ级	渐危		

【识别特征】多年生草本蕨类，高达65cm。根状茎横走，密被鳞片，具细齿；叶疏生；叶柄长30~45cm；**叶片扇形，鸟足状掌形分裂**，中央裂片披针形，两侧的向外渐短，全缘，下面疏被棕色小鳞片；叶脉网状，有内藏小脉。**孢子囊群聚生裂片下部，紧靠主脉，圆形或椭圆形。**

【生境】生于海拔1500~2700m的密林下、山石上或沟谷石灰岩地段。

【分布】攀枝花市(西区)、米易县、盐边县、古蔺县、汶川县、九龙县、西昌市、德昌县、会理县、普格县、昭觉县、甘洛县、越西县、冕宁县、盐源县、木里藏族自治县、洪雅县。

叶

植株

孢子囊

生境

裸子植物
Gymnospermae

苏铁科 Cycadaceae >>>

14. 攀枝花苏铁

Cycas panzhihuaensis
L. Zhou & S. Y. Yang

国家保护	中国植物红皮书	极小种群	四川保护
I 级	濒危		

【识别特征】棕榈状常绿植物，高 1~2.5m。茎干通常单一，顶端被厚绒毛；叶簇生于茎干的顶部，羽状全裂，叶柄上部两侧有平展的短刺。雌雄异株；小孢子叶球单生茎顶，纺锤状或椭圆状圆柱形；**小孢子叶楔形，黄色或淡黄褐色，下面具多数 2~5（通常 3~4）聚生的小孢子囊；大孢子叶多数，簇生茎顶，呈球形或半球形，密被黄褐色至锈褐色绒毛**；胚珠 1~5（通常 3~4）个侧生于大孢子叶中上部，近四方形，无毛，金黄色，顶部红褐色，中央有小凸尖。

【生境】生于海拔 1100~2000m 的石灰岩和砂页岩稀树灌丛中。

【分布】攀枝花（西区、仁和区）、米易县、德昌县、会理县、会东县、宁南县、盐源县。

大孢子叶球

小孢子叶球

生境

植株

苏铁科 Cycadaceae >>>

15. 四川苏铁

Cycas szechuanensis
Cheng et L. K. Fu

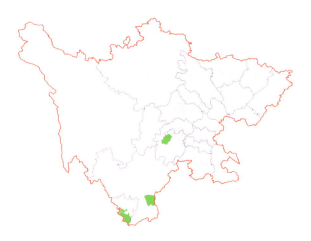

国家保护	中国植物红皮书	极小种群	四川保护
Ⅰ 级		√	

【识别特征】棕榈状常绿植物。茎干圆柱状，干皮黑褐色，有宿存叶痕；叶 60~90 片，一回羽裂，长 1~3m，集生于树干顶部，羽状裂片条形或披针状条形。小孢子叶球纺锤状，小孢子叶楔形；大孢子叶被黄褐色容貌，**不育顶片宽倒卵形或近圆形；胚珠 4~6（10），上部的 1~3 枚胚珠的外侧常有钻形的裂片。**孢子叶球期 4~6 月，种子 10~11 月成熟。

【生境】生于海拔 400~1300m 的灌木丛和疏林中。

【分布】攀枝花市（西区、仁和区）、峨眉山市、宁南县。

大孢子叶球

小孢子叶球

生境

松科 Pinaceae >>>

16. 秦岭冷杉

Abies chensiensis Tiegh.

国家保护	中国植物红皮书	极小种群	四川保护
II级	渐危		

【识别特征】常绿乔木。叶在枝上列成两列或近两列状，条形，上面深绿色，**下面有2条白色气孔带**。雌雄同株，球花单生于去年枝上的叶腋；雄球花下垂，有梗；雌球花直立，短圆柱形。**球果直立**，卵状圆柱形至短圆柱形，成熟前绿色，熟时褐色；中部种鳞肾形，鳞背露出部分密生短毛；**苞鳞长约种鳞的3/4**；**种子较种翅为长**，种翅宽大，倒三角形。花期5~6月，果期9~10月。

【生境】生于海拔2300~3000m地带。

【分布】万源市、九寨沟县、南江县。

球果

叶

植株

生境

17. 长苞冷杉

Abies georgei Orr

国家保护	中国植物红皮书	极小种群	四川保护
	渐危		

【识别特征】常绿乔木，高达 30m。树皮暗灰色，裂成块片脱落；小枝下部之叶列成两列，上部之叶斜上伸展，上面绿色，有光泽，下面有 2 条白色气孔带。**球果直立**，卵状圆柱形，无梗，长 7~11cm，径 4~5.5cm，**熟时黑色；苞鳞窄长，上部明显外露，三角状，先端有长尖头**；种子椭圆形，种翅褐色，宽短。花期 5 月，球果 10 月成熟。

【生境】生于海拔 3400~4200m，气候冷湿、有明显的干湿季节，具腐殖质酸性灰化土壤的亚高山地带。

【分布】盐边县、宝兴县、马尔康市、理县、康定市、九龙县、理塘县、乡城县、稻城县、得荣县、德昌县、冕宁县、盐源县、木里藏族自治县。

小孢子叶球

生境

球果

松科 Pinaceae >>>

18. 四川红杉

Larix mastersiana
Rehder et E. H. Wilson

国家保护	中国植物红皮书	极小种群	四川保护
Ⅱ级	濒危		

【识别特征】落叶乔木。短枝顶端的叶枕之间有密生的淡褐黄色柔毛；叶倒披针状窄条形，嫩叶边缘有疏毛。球花单生于短枝顶端；雌球花苞鳞显著地向后反折；球果椭圆状圆柱形；**种鳞倒三角状圆形或肾形圆形，背面近中部有密生较长的柔毛；苞鳞中上部显著地向外反折或反曲，下部微渐窄，上部三角状**；种子斜倒卵圆形，灰白色，种翅褐色。花期4~5月，球果10月成熟。

【生境】多生于海拔2300~3500m地带形成块状疏林或混交林。

【分布】都江堰市、平武县、峨眉山市、石棉县、天全县、芦山县、宝兴县、马尔康市、小金县、汶川县、理县、茂县、松潘县、九寨沟县、黑水县、康定市、泸定县、丹巴县、冕宁县。

球果

枝条

生境

植株

19. 麦吊云杉

Picea brachytyla
(Franchet) E. Pritzel

国家保护	中国植物红皮书	极小种群	四川保护
	渐危		

【识别特征】常绿乔木。树皮淡褐色，深纵裂成不规则的鳞状厚片固着于树干上；叶条形，扁平，上面有 2 条白粉气孔带，每带有气孔线 5~7 条，下面光绿色，无气孔线。**球果成熟前绿色，下垂，矩圆状圆柱形或圆柱形，熟时褐色或微带紫色，长 6~12cm，宽 2.5~3.8cm**；种子连翅长约 1.2cm。花期 4~5 月，球果 9~10 月成熟。

【生境】生于海拔 1500~3800m 的山坡、山谷、江河流域。

【分布】大邑县、都江堰市、彭州市、崇州市、绵阳市（安州区）、平武县、北川羌族自治县、什邡市、绵竹市、青川县、峨眉山市、峨边彝族自治县、石棉县、天全县、芦山县、宝兴县、红原县、汶川县、理县、茂县、松潘县、九寨沟县、黑水县、康定市、泸定县。

球果

枝条

生境

植株

松科 Pinaceae >>>

20. 油麦吊云杉

Picea brachytyla var. *complanata*
(Masters) W. C. Cheng ex Rehder

国家保护	中国植物红皮书	极小种群	四川保护
Ⅱ级			

【识别特征】本变种与麦吊云杉的区别在于**树皮淡灰色或灰色，裂成薄鳞状块片脱落；球果成熟前红褐色、紫褐色或深褐色。**

【生境】生于海拔 2000~3800m 地带，在四川西部常生于冷杉、铁杉、云南铁杉为主的针叶树混交林中，或在局部地带形成小片纯林。

【分布】盐边县、峨眉山市、峨边彝族自治县、马边彝族自治县、石棉县、天全县、宝兴县、汶川县、理县、茂县、康定市、泸定县、九龙县、乡城县、稻城县、得荣县、西昌市、金阳县、雷波县、美姑县、甘洛县、越西县、冕宁县、盐源县、木里藏族自治县、洪雅县。

球果

生境

枝条

植株

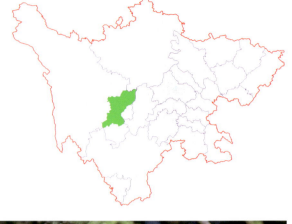

21. 康定云杉

Picea likiangensis var. *montigena*
(Mast.) Cheng ex Chen

国家保护	中国植物红皮书	极小种群	四川保护
	濒危		√

【识别特征】常绿乔木。**小枝有木钉状叶枕，密生短柔毛。叶锥形，长 0.8~1.5cm，先端短尖，上面每边有 4~7 条气孔线，下面每边有 1~4 条不完整的气孔线。球果单生枝顶，下垂，卵圆形至圆柱形，长 4~9cm，球果成熟前种鳞上部边缘红色或紫红色，背部绿色；**种鳞斜方状卵形，背面基部有短小的苞鳞，腹面有 2 粒具翅的种子。花期 4~5 月，球果 9~10 月成熟。

【生境】生于海拔 3300m 以上地带。

【分布】康定市。

果枝

植株

球果

松科 Pinaceae >>>

22. 白皮云杉

Picea asperata var. *aurantiaca* (Masters) Boom

国家保护	中国植物红皮书	极小种群	四川保护
	濒危		

【识别特征】常绿乔木。**树皮白色或淡灰色，成不规则的矩圆形块片开裂脱落**；树冠尖塔形，一、二年生枝橘红色或淡黄褐色。叶四棱状条形，稍弯曲，长 0.9~2cm，先端有急尖的锐尖头，四面有气孔线。**球果长椭圆柱形，长 8~12cm**，成熟前种鳞背部绿色，上部边缘紫红色，成熟时褐色或淡紫褐色，后变成黄褐色；苞鳞短小，不外露；种子倒卵圆形，上端有种翅。花期 5 月，球果 10 月成熟。

【生境】生于海拔 2600~3600m 的林中。

【分布】康定市。

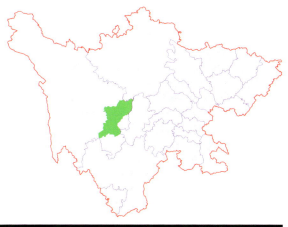
球果

树干

植株

枝条

23. 大果青扦

Picea neoveitchii Mast.

国家保护	中国植物红皮书	极小种群	四川保护
Ⅱ级	濒危		

【识别特征】常绿乔木，高8~15m。树皮灰色，裂成鳞状块片脱落。叶长1.5~2.5cm，宽约2mm，四棱状条形，两侧扁，横切面高大于宽或高度几相等，四边有气孔线。球花单性，雌雄同株；**球果矩圆状圆柱形**，成熟前绿色，有树脂，成熟时淡褐色或褐色；**种鳞宽倒卵状五角形或斜方状卵形**，中部种鳞长约2.7cm，宽2.7~3cm；**种子倒卵圆形，种翅宽大**。

【生境】生于海拔1300~2000m的林中或岩缝。

【分布】平武县、北川羌族自治县、峨眉山市、宝兴县、小金县、理县。

枝条

球果

植株

生境

松科 Pinaceae >>>

24. 黄杉

Pseudotsuga sinensis Dode

国家保护	中国植物红皮书	极小种群	四川保护
II 级	渐危		

【识别特征】常绿乔木，高达 50m。树皮淡灰色至深灰色，裂成不规则厚块片。叶条形，长 1.3~3cm，先端钝圆有凹缺，排列成两列，叶背有 2 条白色气孔带。雌雄同株，球花单性；球果卵圆形或椭圆状卵圆形，成熟前微被白粉；**球果中部的种鳞扇状斜方形，基部两侧有凹缺，鳞背露出部分有毛；种子三角状卵圆形，种翅较种子为长**。花期 4 月，球果 10~11 月成熟。

【生境】生于海拔 800~2800m 的常绿阔叶林、石灰岩地区中。

【分布】攀枝花市（仁和区）、米易县、盐边县、万源市、西昌市、会东县、宁南县、普格县、越西县、冕宁县、木里藏族自治县。

叶背

球果

植株

生境

25. 西昌黄杉

Pseudotsuga xichangensis
C. T. Kuan et L. J. Zhou

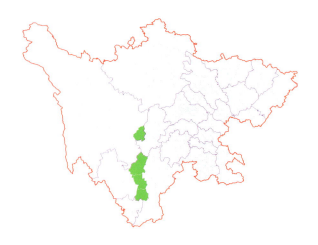

国家保护	中国植物红皮书	极小种群	四川保护
II 级		√	√

【识别特征】常绿乔木。芽卵形，顶端尖，较大，长5~8mm。叶条形，螺旋状着生，排成两列，长1.5~4.5cm，基部变窄扭转，**有两条灰白色气孔带**，树脂管2个边生。雄球花锥状圆柱形，长1~1.2cm；雌球花近球形，黄绿色，**苞鳞显著，直伸**。**球果成熟时紫褐色，柱状卵圆形或窄卵形**，长5~7.5cm。中部种鳞肾形或肾状斜方形；苞鳞显著外露反曲，先端三裂；种子三角形卵形，无毛，连同种翅长约为种鳞的4/5。花期1月，球果11月成熟。

【生境】生于海拔1900m左右的林中。

【分布】泸定县、西昌市、德昌县、冕宁县。

【附注】在《FOC》中已并入黄杉 *Pseudotsuga sinensis* Dode。

球果

枝条

植株

松科 Pinaceae >>>

26. 澜沧黄杉

Pseudotsuga forrestii Craib

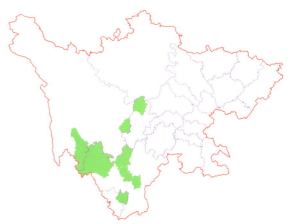

国家保护	中国植物红皮书	极小种群	四川保护
Ⅱ级	渐危		

【识别特征】常绿乔木，高达 40m。树皮暗褐灰色，深纵裂。叶条形，窄长，长 3~5.5cm，排列成两列，先端钝有凹缺。雄球花圆柱形，单生叶腋；雌球花单生于侧枝顶端，下垂；**球果卵圆形或长卵圆形；中部种鳞近圆形或斜方状圆形；苞鳞的中裂长达 6~12mm，侧裂先端尖**；种子三角状卵圆形，**种翅长约种子的两倍**。球果 10 月成熟。

【生境】生于海拔 2200~3300m 的山坡或沟谷的针叶混交林或针阔叶混交林中以及高山地带。

【分布】米易县、宝兴县、泸定县、稻城县、西昌市、普格县、冕宁县、木里藏族自治县。

叶枝

生境

树干

球果

27. 丽江铁杉

Tsuga chinensis var. *forrestii*
(Downie) Silba

国家保护	中国植物红皮书	极小种群	四川保护
	渐危		

【识别特征】常绿乔木,高达 30m。树皮深纵裂。叶条形,全缘,先端钝有凹缺,长 1.5~2.5cm,气孔带灰白色或粉白色。**球果较大**,圆锥状卵圆形或长卵圆形;**种鳞靠近上部边缘处微加厚,常有微隆起的弧状脊**;苞鳞倒三角状斜方形,先端二裂;种子下面有小油点,种翅上部稍窄或渐窄。花期 4~5 月,球果 10 月成熟。

【生境】生于海拔 2000~3000m 的山谷中,多与云南铁杉、油麦吊云杉、华山松及栎类植物组成混交林。

【分布】九龙县、德昌县、冕宁县、盐源县、木里藏族自治县。

球果

枝条

生境

叶背

杉科 Taxodiaceae >>>

28. 德昌杉木

Cunninghamia unicandiculata
D.Y.Wang et H.L.Liu

国家保护	中国植物红皮书	极小种群	四川保护
	濒危		

【识别特征】常绿乔木，高达 50m。树皮沟裂、不易脱落。叶灰绿或黄绿，披针形，两面各有两条白色气孔带，**横切面似肾形，有树脂道一个**。雄花着生树冠下部枝顶；雌花着生树冠中上部，胚珠 3；**球果枝顶单生，苞鳞三角形、有锯齿、脊爪状；种子黑褐色，两侧有窄翅**。花期 2 月中旬，球果 11 月中旬。

【生境】生于阴坡或半阴坡，也能在半阳坡或阳坡与云南松伴生。

【分布】德昌县。

【附注】本种在《FOC》中被归并为杉木 *Cunninghamia lanceolata* (Lamb.) Hook.。

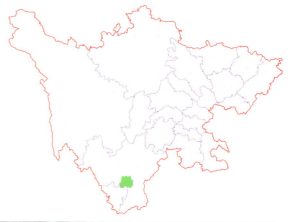

球果

植株

雄球花

杉科 Taxodiaceae >>>

29. 水松

Glyptostrobus pensilis
(Staunton ex D.Don) K.Koch

国家保护	中国植物红皮书	极小种群	四川保护
I 级	稀有	√	

【识别特征】半常绿性乔木，高 10~25m。在潮湿环境生存的植株树干基部膨大具圆棱，并具有膝状呼吸根；叶螺旋状排列，基部下延，有三种类型：鳞形叶、条形叶和条状钻形叶，条形叶及条状钻形叶均于冬季连同侧生短枝一同脱落。雌雄同株，球果倒卵圆形；苞鳞与种鳞几全部合生，仅先端分离，位于种鳞背面的中部或中上部；种子椭圆形下端有长翅。花期 1~2 月，球果 11 月成熟。

【生境】生于海拔 1000m 以下向阳水湿地带。

【分布】合江县。

叶枝

植株

呼吸根

球果

柏科 Cupressaceae ≫≫≫

30. 岷江柏木

Cupressus chengiana
S. Y. Hu

国家保护	中国植物红皮书	极小种群	四川保护
Ⅱ级	渐危		

【识别特征】常绿乔木，高达 30m。生鳞叶的小枝圆柱形；鳞叶斜背部拱圆，无蜡粉，无明显的纵脊和条槽，腺点位于背面中部，明显或不明显。**雌雄同株，球花单生枝顶；球果近球形**；种鳞 4~5 对，红褐色或褐色，无白粉；种子多数，两侧种翅较宽。球果夏初成熟。

【生境】生于海拔 1200~2900m 的干燥阳坡、峡谷两侧或干旱河谷地带。

【分布】石棉县、马尔康市、金川县、小金县、汶川县、理县、茂县、九寨沟县、康定市、丹巴县。

球果

枝条

植株

生境

31. 剑阁柏木

Cupressus chengiana var. *jiangeensis* (N. Zhao) Silba

国家保护	中国植物红皮书	极小种群	四川保护
			√

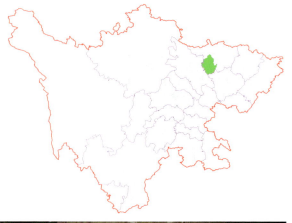

【识别特征】 本变种与岷江柏木的主要区别是**其球果为矩状卵圆形，种鳞 6~7 对；生鳞叶小枝扁圆；鳞叶被蜡质白粉。**

【生境】 生于海拔 1000m 左右的干燥阳坡。

【分布】 剑阁县。

【附注】 《四川植物志》中小金县有分布，但未见标本。

树干

植株

枝条

生境

柏科 Cupressaceae ❯❯❯

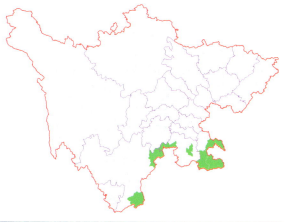

32. 福建柏

Fokienia hodginsii
(Dunn) Henry et Thomas

国家保护	中国植物红皮书	极小种群	四川保护
Ⅱ级	渐危		

【识别特征】常绿乔木。树皮紫褐色，平滑；生鳞叶的小枝扁平，排成一平面。鳞叶2对交叉对生，成节状。雌雄同株，球花单生于小枝顶端，**雄球花近球形，雌球花有6~8对交叉对生的珠鳞**，每珠鳞的基部有2枚胚珠，球果翌年成熟，褐色，近球形；**种子顶端尖，具3~4棱，上部有两个大小不等的翅**。花期3~4月，种子翌年10~11月成熟。

【生境】生于海拔100~1800m温暖湿润的山地森林中。

【分布】合江县、叙永县、古蔺县、长宁县、屏山县、会东县、雷波县。

树干

球果

植株

生境

33. 崖柏

Thuja sutchuenensis
Franch.

生境

国家保护	中国植物红皮书	极小种群	四川保护
	濒危	√	√

【识别特征】常绿灌木或乔木。树干通常弯曲，分枝多，木质细腻，具特殊浓郁的香味。枝条密，开展，生鳞叶的小枝扁；鳞叶先端钝，稀微尖，两侧鳞叶较中央之鳞叶为短，尖头内弯，排列紧密；中央鳞叶无腺点，叶背无白粉。雌雄同株；**球果种鳞 8 片，交叉对生**，最外面的种鳞倒卵状椭圆形，顶部下方有一鳞状尖头；未见成熟球果。

【生境】生于海拔 1400m 左右的石灰岩山地。

【分布】宣汉县、万源市。

枝条

植株

球果

三尖杉科 Cephalotaxaceae >>>

34. 篦子三尖杉

Cephalotaxus oliveri Mast.

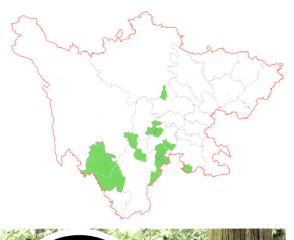

国家保护	中国植物红皮书	极小种群	四川保护
II级	渐危		

【识别特征】常绿灌木，高达 4m。**叶排列紧密，似篦子**；条形，表面拱圆，中脉不明显或微明显，基部截形或微呈心形，下面中脉平或微凹，绿色，**两侧各具一条白粉气孔带**。雌雄异株；雄球花 6~11 聚生成头状花序，单生叶腋；雌球花生于小枝基部（稀近枝顶）苞片的腋部；种子倒卵圆形、卵圆形或近球形。花期 3~4 月，种子 8~10 月成熟。

【生境】生于海拔 300~1800m 的阔叶树林或针叶树林内。

【生境】都江堰市、沐川县、峨眉山市、马边彝族自治县、筠连县、石棉县、金阳县、雷波县、越西县、盐源县、木里藏族自治县、洪雅县。

树干

幼株

种子

35. 穗花杉

Amentotaxus argotaenia
(Hance) Pilger

国家保护	中国植物红皮书	极小种群	四川保护
	渐危		

【识别特征】灌木或小乔木，高达 7m。树皮灰褐色或淡红褐色，裂成片状脱落；叶基部扭转列成两列，条状披针形，叶背白色气孔带与绿色边带等宽或较窄。雄球花穗 1~3（多为 2) 穗；种子成熟时假种皮鲜红色，顶端有小尖头露出，基部宿存苞片的背部有纵脊，扁四棱形。花期 4 月，种子 10 月成熟。

【生境】生于海拔 300~1100m 地带的荫湿溪谷两旁或林内。

【分布】都江堰市、崇州市、邛崃市、峨眉山市。

叶

种子

生境

植株

红豆杉科 Taxaceae >>>

36. 红豆杉

Taxus wallichiana var. *chinensis* (Pilg.) Florin

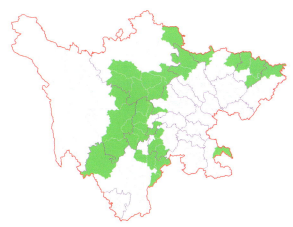

国家保护	中国植物红皮书	极小种群	四川保护
I 级			

【识别特征】常绿乔木，高达 30m。树皮褐色，裂成条片脱落。**叶较短，条形，微呈镰状或较直，下面中脉带上有密生均匀而微小的圆形角质乳头状突起点，**其色泽常与气孔带相同。雌雄异株；**种子生于杯状红色肉质的假种皮中，**间或生于近膜质盘状的种托之上，常呈卵圆形。花期 5~6 月，果期 9~10 月。

【生境】生于海拔 2300~3100m 的亚高山森林中。

【分布】都江堰市、邛崃市、平武县、北川羌族自治县、合江县、旺苍县、青川县、峨眉山市、峨边彝族自治县、马边彝族自治县、万源市、荥经县、汉源县、石棉县、天全县、芦山县、宝兴县、马尔康市、金川县、小金县、汶川县、理县、茂县、九寨沟县、康定市、泸定县、丹巴县、九龙县、金阳县、雷波县、美姑县、越西县、木里藏族自治县、平昌县、通江县、南江县、洪雅县。

雄花

植株

种子

生境

37. 喜马拉雅红豆杉

Taxus wallichiana Zucc.

国家保护	中国植物红皮书	极小种群	四川保护
Ⅰ级	濒危		

【识别特征】常绿乔木或大灌木。叶条形，排列成彼此重叠的不规则两列，质地较厚，基部两侧对称，下面沿中脉带两侧各有一条淡黄色气孔带，中脉带与气孔带上均密生均匀细小角质乳头状突起点。**种子生于红色肉质杯状的假种皮中**，柱状矩圆形，上部两侧微有钝脊，种脐椭圆形。花期 5 月，果期 9~10 月。

【生境】生于海拔 2500~3000m 地带的亚高山森林中。

【分布】峨眉山市、马尔康市、金川县、西昌市、德昌县、盐源县、木里藏族自治县。

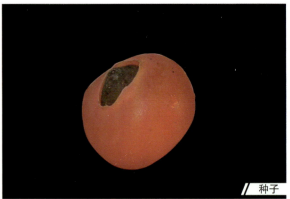
种子

叶

植株

枝条

红豆杉科 Taxaceae >>>

38. 云南红豆杉

Taxus yunnanensis
Cheng et L.K.Fu

国家保护	中国植物红皮书	极小种群	四川保护
Ⅰ 级			

【识别特征】本种与喜马拉雅红豆杉的主要区别在于：本种叶的质地较薄，条状披针形或披针状条形，常呈弯镰状，排列较疏，列成二列，边缘反卷或微反卷，上部渐窄，先端有渐尖或微急尖的刺状尖头，基部偏歪左右不对称；种子卵圆形，长约 5mm，径 4mm。

【生境】生于海拔 2000~3500m 的亚高山地带。

【分布】峨眉山市、康定市、泸定县、西昌市、德昌县、盐源县、木里藏族自治县。

【附注】本种在《FOC》中被归并为喜马拉雅红豆杉 *Taxus wallichiana* Zucc.。

枝条

叶

生境

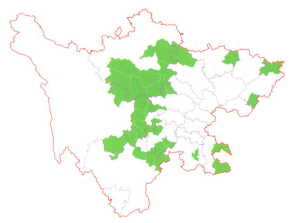

39. 南方红豆杉

Taxus wallichiana var. *mairei*
(Lemée et H. Lév.) L. K. Fu et Nan Li

国家保护	中国植物红皮书	极小种群	四川保护
Ⅰ级			

【识别特征】常绿乔木。叶常较宽长，披针状条形，多呈弯镰状，上部常渐窄，先端渐尖，边缘不卷曲，中脉色泽与气孔带相异，下面中脉带上无角质乳头状突起点，或与气孔带相邻的中脉带两边有一至数条或成片状分布的角质乳头状突起点；**种子生于红色肉质的杯状假种皮中，多呈倒卵圆形，种脐常呈椭圆形。**

【生境】生于海拔 3500m 以下的森林、灌丛、开阔的荒坡。

【分布】都江堰市、彭州市、邛崃市、平武县、合江县、古蔺县、旺苍县、沐川县、峨眉山市、马边彝族自治县、长宁县、大竹县、万源市、荥经县、汉源县、石棉县、天全县、芦山县、宝兴县、马尔康市、金川县、小金县、汶川县、理县、茂县、松潘县、丹巴县、九龙县、雷波县、美姑县、越西县、洪雅县。

种子

小枝

植株

生境

红豆杉科 Taxaceae >>>

40. 巴山榧树

Torreya fargesii Franchet

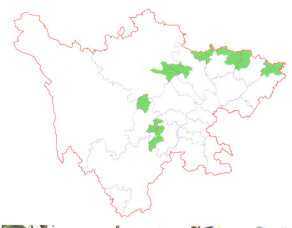

国家保护	中国植物红皮书	极小种群	四川保护
Ⅱ 级			

【识别特征】常绿乔木，高达 12m。树皮深灰色，不规则纵裂；叶条形，基部微偏斜，通常直而不弯，**先端有微凸起的刺状短尖头**，上面两条纵凹槽通常不达中上部。**雌雄异株；雄球花单生叶腋，雌球花无梗，两个成对生于叶腋**；种子卵圆形、圆球形或宽椭圆形，肉质假种皮微被白粉。花期4~5月，种子9~10月成熟。

【生境】生于海拔 1000~3400m 的针叶林或阔叶林中，多见于沟边及岩壁上。

【分布】北川羌族自治县、广元市（朝天区）、旺苍县、青川县、峨眉山市、峨边彝族自治县、万源市、宝兴县、茂县、南江县、洪雅县。

枝条

雌花

种子

生境

41. 四川榧

Torreya parvifolia
T.P. Yi, L. Yang & T.L. Long

国家保护	中国植物红皮书	极小种群	四川保护
Ⅱ级			

【识别特征】常绿小乔木。树皮暗褐色，片状纵裂并剥落。叶对生或近对生，线状披针形，扭成2列，先端具短尖头，基部圆形或圆楔形，微呈拱形，下部具2条通常不明显的纵槽，下面具2条灰白色气孔带。种子为肉质假种皮所包，核果状，微被白粉，先端具短尖头；外种皮骨质，较脆性，光滑。

【生境】生于海拔2100~2300m土壤偏酸的沟谷陡坡或崖石疏林中。

【分布】布拖县。

种子

生境

被子植物
Angiospermae

杨柳科 Salicaceae ▶▶▶

42. 大叶柳

Salix magnifica Hemsl.

国家保护	中国植物红皮书	极小种群	四川保护
	渐危		

【识别特征】落叶灌木或小乔木。**叶大，长达20cm，宽达11cm，全缘**，中脉粗壮，通常发紫红色，侧脉约15对，与中脉几成直角，全缘或有不规则的细腺锯齿。花与叶同时开放，或稍叶后开放；**荑荑花序**，雄蕊2，离生或部分合生。蒴果卵状椭圆形，越向果序上端，通常果柄越短。花期5~6月，果期6~7月。

【生境】生于海拔2100~2800m的山地。

【分布】都江堰市、彭州市、崇州市、夹江县、峨眉山市、天全县、宝兴县、马尔康市、金川县、小金县、汶川县、理县、茂县、康定市、泸定县、冕宁县、盐源县、木里藏族自治县、洪雅县。

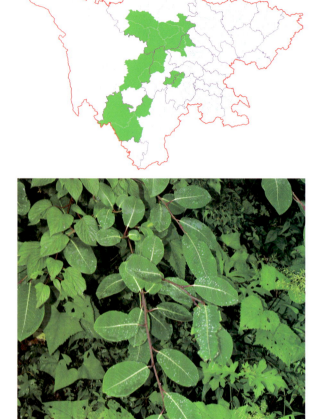
枝条

果序

叶

生境

胡桃科 Juglandaceae >>>

43. 胡桃楸

Juglans mandshurica Maxim.

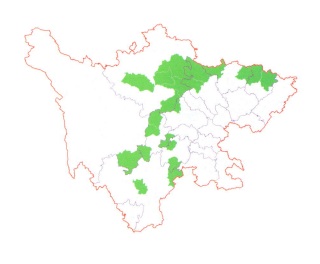

国家保护	中国植物红皮书	极小种群	四川保护
	渐危		

【识别特征】落叶乔木，高达20余米。树皮灰色，具浅纵裂。**奇数羽状复叶，小叶9~17枚**，边缘具细锯齿，小叶长大后常变成无毛；侧生小叶对生，无柄，先端渐尖，基部歪斜；顶生小叶基部楔形。雄性葇荑花序，花被片1枚位于顶端而与苞片重叠、2枚位于花的基部两侧，雄蕊12枚；雌性穗状花序具4~10雌花，柱头鲜红色，背面被贴伏的柔毛。**果序俯垂，通常具5~7果实**。花期5月，果期8~9月。

【生境】生于土质肥厚、湿润、排水良好的沟谷两旁或山坡的阔叶林中。

【分布】都江堰市、平武县、北川羌族自治县、旺苍县、青川县、峨眉山市、马边彝族自治县、石棉县、天全县、宝兴县、马尔康市、汶川县、茂县、松潘县、黑水县、九龙县、西昌市、雷波县、通江县、南江县、洪雅县。

生境

雌花

雄花

果

44. 胡桃

Juglans regia L.

国家保护	中国植物红皮书	极小种群	四川保护
	渐危		

【识别特征】落叶乔木，高达 30m。树皮纵裂；奇数羽状复叶，**小叶通常 5~9 枚**，椭圆状卵形至长椭圆形，顶端钝圆或急尖，**侧脉 11~15 对**，基部歪斜，全缘，腋内具簇短柔毛，侧生小叶近无柄，顶生小叶常具长约 3~6cm 的小叶柄。雄性葇荑花序下垂，雌形穗状花序通常具 1~3（4）雌花；**果序短，俯垂，具 1~3 果实**。花期 4~5 月，果期 9~10 月。

【生境】生于海拔 400~1800m 的山坡及丘陵地带。

【分布】都江堰市、平武县、苍溪县、峨眉山市、峨边彝族自治县、马边彝族自治县、荥经县、汉源县、石棉县、天全县、宝兴县、马尔康市、金川县、汶川县、理县、茂县、九寨沟县、黑水县、康定市、泸定县、丹巴县、九龙县、雅江县、道孚县、新龙县、石渠县、乡城县、德昌县、会理县、雷波县、木里藏族自治县、南江县、眉山市东坡区。

雄花

雌花

果

生境

桦木科 Betulaceae >>>

45. 华榛

Corylus chinensis Franch.

国家保护	中国植物红皮书	极小种群	四川保护
	渐危		

【识别特征】落叶乔木，高可达 20m。树皮灰褐色，纵裂；叶椭圆形，长 8~18cm，顶端骤尖至短尾状，基部心形，两侧显著不对称，边缘具不规则的钝锯齿。雄花序 2~8 枚排成总状，苞鳞顶端具 1 枚易脱落的刺状腺体；果 2~6 枚簇生成头状，果苞管状，外面疏被短柔毛或无毛，密生刺状腺体，腺体较果长 2 倍，外面具纵肋，具 3~5 枚镰状披针形的裂片；坚果球形，无毛。

【生境】生于海拔 2000~3500m 的湿润山坡林中。

【分布】都江堰市、平武县、旺苍县、峨眉山市、马边彝族自治县、汉源县、宝兴县、汶川县、九寨沟县、康定市、泸定县、德昌县、雷波县、美姑县、盐源县、木里藏族自治县、通江县、南江县、洪雅县。

生境

果序

雄花

46. 平武水青冈

Fagus chienii Cheng

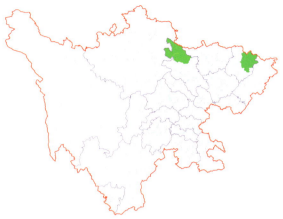

国家保护	中国植物红皮书	极小种群	四川保护
			√

【识别特征】落叶乔木，高约25m。叶卵形，长6~9cm，顶部短尖至渐尖，基部宽楔形或近于圆，叶缘有锐齿，侧脉每边8~10条，直达齿端，嫩叶背面沿中脉及侧脉两侧被长柔毛；**壳斗4瓣裂，裂瓣长13~15mm**，小苞片短而狭的舌状，稍弯钩；每壳斗有坚果2个，坚果与壳斗裂瓣等长或稍较长。果8月成熟。

【生境】生于海拔约1300m山地林中。

【分布】平武县、通江县。

【附注】本种在《FOC》中被归并为亮叶水青冈 *Fagus lucida* Rehd. et Wils.。

果枝

叶枝

生境

47. 台湾水青冈

Fagus hayatae Palib. ex Hayata

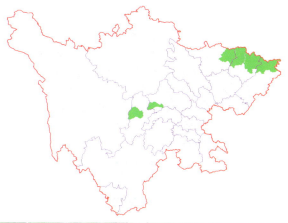

国家保护	中国植物红皮书	极小种群	四川保护
Ⅱ级	渐危		

【识别特征】落叶乔木，高达 20m。叶棱状卵形，长 3~7cm，两侧稍不对称，侧脉每边 5~9 条，叶缘有锐齿，**叶背中脉与侧脉交接处有腺点及短丛毛**，或仅有丛毛。总花梗被长柔毛；果梗长 5~20mm，**壳斗 4 瓣裂**，小苞片细线状，弯钩；**坚果顶部脊棱有甚狭窄的翅**。花期 4~5 月，果期 8~10 月。

【生境】生于海拔 1300~2300m 山地林中。

【分布】邛崃市、旺苍县、万源市、天全县、通江县、南江县。

枝条

果

生境

植株

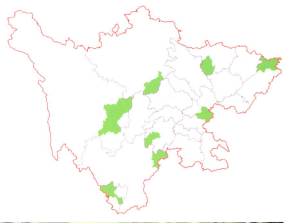

48. 青檀

Pteroceltis tatarinowii Maxim.

国家保护	中国植物红皮书	极小种群	四川保护
	稀有		

【识别特征】落叶乔木，高达 20m。叶纸质，宽卵形至长卵形，长 3~10cm，先端渐尖至尾状渐尖，基部不对称，边缘有不整齐的锯齿，**基部 3 出脉**，侧出的一对近直伸达叶的上部，侧脉 4~6 对，**脉腋有簇毛**。**花单性同株，雄花数朵簇生于当年生枝的下部叶腋**，雌花单生于当年生枝的上部叶腋；**翅果状坚果，具长梗**。花期 3~5 月，果期 8~20 月。

【生境】生于海拔 100~1500m 的山谷溪边石灰岩山地疏林中。

【分布】盐边县、剑阁县、峨边彝族自治县、安岳县、万源市、汶川县、康定市、雷波县。

果枝

果

叶枝

树干

榆科 Ulmaceae >>>

49. 大叶榉树

Zelkova schneideriana Hand.-Mazz.

国家保护	中国植物红皮书	极小种群	四川保护
Ⅱ级			

【识别特征】落叶乔木，高达35m。当年生枝灰绿色或褐灰色，密生伸展的灰色柔毛；叶厚纸质，卵形至椭圆状披针形，先端渐尖，基部稍偏斜，**叶面被糙毛，叶背密被柔毛**，边缘具圆齿状锯齿。**雄花1~3朵簇生于叶腋**，雌花或两性花常单生于小枝上部叶腋，**核果几乎无梗**，网肋明显，表面被柔毛。花期4月，果期9~11月。

【生境】生于海拔200~1100m的溪间水旁或山坡土层较厚的疏林中。

【分布】都江堰市、平武县、石棉县。

果

幼叶

雄花

树干

50. 金荞

Fagopyrum dibotrys (D. Don) H.Hara

国家保护	中国植物红皮书	极小种群	四川保护
Ⅱ级			

【识别特征】多年生草本。茎直立，多分枝，具纵棱，无毛；**叶三角形，长 4~12cm，基部近戟形；托叶鞘筒状**，顶端截形，膜质，褐色。花序伞房状，顶生或腋生；每苞内具 2~4 花，花被 5 深裂，白色；**花梗中部具关节；瘦果宽卵形**，长 6~8mm。花期 7~9 月，果期 8~10 月。

【生境】生于海拔 250~3200m 的山谷湿地、山坡灌丛。

【分布】成都市（双流区）、都江堰市、崇州市、邛崃市、绵阳市（安州区）、盐边县、峨眉山市、峨边彝族自治县、宜宾县、长宁县、宣汉县、雅安市（雨城区）、荥经县、汉源县、天全县、宝兴县、若尔盖县、红原县、汶川县、康定市、泸定县、九龙县、会理县、会东县、普格县、木里藏族自治县。

果

花

植株

生境

石竹科 Caryophyllaceae >>>

51. 金铁锁

Psammosilene tunicoides
W. C. Wu et C. Y. Wu

国家保护	中国植物红皮书	极小种群	四川保护
II 级	稀有		

【识别特征】多年生草本。茎铺散，平卧，常带紫绿色，被柔毛；叶片卵形，长 1.5~2.5cm，顶端急尖。**三歧聚伞花序密被腺毛**；花梗短或近无；**花萼筒状钟形**，密被腺毛，纵脉凸起；花瓣紫红色，全缘；雄蕊 5，明显外露；蒴果具 1 种子，种子狭倒卵形，褐色。花期 6~9 月，果期 7~10 月。

【生境】生于海拔 2000~3800m 的砾石山坡或石灰质岩石缝中。

【分布】攀枝花市（仁和区）、米易县、盐边县、巴塘县、乡城县、稻城县、得荣县、德昌县、盐源县、会里县、会东县、木里藏族自治县。

花

植株

花（局部）

生境

莼菜科 Cabombaceae ▶▶▶

52. 莼菜

Brasenia schreberi J. F. Gmel.

国家保护	中国植物红皮书	极小种群	四川保护
I 级			

【识别特征】多年生水生草本。根茎小，匍匐。茎细，多分枝。叶椭圆形，盾状，下面蓝绿色，从叶脉处皱缩；叶柄和花梗均有柔毛。**花小，暗紫色；萼片及花瓣条形**；雄蕊 12~18，具条形侧向花药；坚果矩圆形，有 3 个或更多成熟心皮；种子 1~2，卵形，有胚乳。花期 6 月，果期 10~11 月。

【生境】生于池塘、河湖或沼泽中。

【分布】屏山县、西昌市、雷波县。

植株

花

生境

领春木科 Eupteleaceae >>>

53. 领春木

Euptelea pleiosperma
Hook. f. et Thoms.

国家保护	中国植物红皮书	极小种群	四川保护
	稀有		

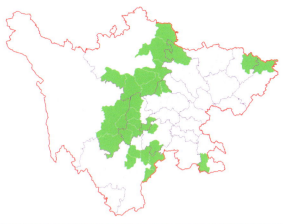

【识别特征】落叶灌木或小乔木。树皮紫黑色或棕灰色。叶纸质，卵形或近圆形，长 5~14cm，先端渐尖，有 1 突生尾尖，叶缘顶端疏生加厚的锯齿，脉腋具丛毛，侧脉 6~11 对。花丛生，雄蕊 6~14，花药红色，比花丝长。翅果长 5~10mm，棕色；种子 1~3 个，卵形，黑色。花期 4~5 月，果期 7~8 月。

【生境】生于海拔 900~3600m 的溪边杂木林中。

【分布】都江堰市、彭州市、平武县、叙永县、峨眉山市、马边彝族自治县、万源市、荥经县、汉源县、石棉县、天全县、宝兴县、金川县、小金县、汶川县、理县、茂县、松潘县、九寨沟县、康定市、泸定县、九龙县、金阳县、雷波县、美姑县、越西县、喜德县、通江县、洪雅县。

花序

叶

果实

枝条

连香树科 Cercidiphyllaceae >>>

54. 连香树

Cercidiphyllum japonicum Sieb. et Zucc.

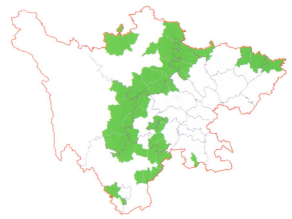

国家保护	中国植物红皮书	极小种群	四川保护
Ⅱ级	稀有		

果枝

【识别特征】落叶大乔木。叶近对生或对生，幼枝红色，短枝之叶近圆形或心形，长枝之叶椭圆形或三角形，长 4~7cm，边缘有圆钝锯齿，先端具腺体，**下面灰绿色带粉霜，掌状脉 7 条直达边缘**。花单性，雌雄异株，先叶开放；雄花常 4 朵丛生；雌花 2~6（8）朵，丛生。**蓇葖果 2~4 个**；种子数个，先端有透明翅。花期 4 月，果期 8 月。

【生境】生于海拔 650~2700m 的山谷边缘或林中开阔地的杂木林中。

【分布】都江堰市、彭州市、绵阳市（安州区）、平武县、北川羌族自治县、盐边县、青川县、夹江县、峨眉山市、峨边彝族自治县、马边彝族自治县、珙县、万源市、石棉县、天全县、宝兴县、小金县、阿坝县。

叶枝

植株

生境

毛茛科 Ranunculaceae >>>

55. 短柄乌头

Aconitum brachypodum Diels

国家保护	中国植物红皮书	极小种群	四川保护
	渐危		

【识别特征】多年生草本，**块根胡萝卜形**。密生叶；叶片卵形或三角状宽卵形，三全裂。总状花序有 7 至多朵密集的花；轴和花梗密被弯曲而紧贴的短柔毛；苞片叶状；花大，**萼片紫蓝色，上萼片盔形或盔状船形，具爪**；花瓣无毛，距短，向后弯曲；心皮 5，有淡黄色开展的长柔毛。花期 9~10 月。

【生境】生于海拔 2800~3700m 的山地草坡，有时生多石砾处。

【分布】米易县、盐边县、什邡市、峨眉山市、马尔康市、金川县、若尔盖县、汶川县、茂县、康定市、雅江县、甘孜县、会理县、普格县、布拖县、昭觉县、盐源县、木里藏族自治县。

生境

植株

花序

56. 星叶草

Circaeaster agrestis Maxim.

国家保护	中国植物红皮书	极小种群	四川保护
	稀有		

【识别特征】一年生小草本。宿存的2子叶和叶簇生；呈星状排列；叶菱状倒卵形、匙形或楔形，基部渐狭，叶缘上部有小牙齿，齿顶端有刺状短尖。花小，萼片2~3，狭卵形，无毛；雄蕊1~2(3)；花柱不存在，柱头近椭圆球形；瘦果有密或疏的钩状毛。花期4~6月。

【生境】生于山谷沟边、林中或湿草地带。

【分布】平武县、峨眉山市、天全县、马尔康市、金川县、小金县、理县、茂县、松潘县、九寨沟县、黑水县、康定市、泸定县、丹巴县、九龙县、道孚县、炉霍县、甘孜县、德格县、石渠县、色达县、乡城县、稻城县、得荣县、木里藏族自治县。

幼株

植株

生境

果实

毛茛科 Ranunculaceae >>>

57. 独叶草

Kingdonia uniflora
Balf.f. et W. W. Sm.

国家保护	中国植物红皮书	极小种群	四川保护
I 级	稀有		

【识别特征】多年生小草本。根状茎细长，自顶端芽中生出1叶和1条花葶。叶基生，有长柄，叶片心状圆形，五全裂，裂片顶部具小牙齿，背面粉绿色。花单生葶端；萼片4~7，淡绿色；无花瓣；退化雄蕊8~11（13），圆柱状，顶端头状膨大；雄蕊（3）5~8。瘦果扁，向下反曲。花期5~6月，果期8~10月。

【生境】生于海拔2750~3900m的山地冷杉林下或杜鹃灌丛下。

【分布】都江堰市、平武县、旺苍县、峨眉山市、石棉县、天全县、宝兴县、马尔康市、金川县、小金县、汶川县、理县、茂县、松潘县、九寨沟县、黑水县、康定市、泸定县、九龙县、洪雅县。

花

植株

果

生境

58. 黄连

Coptis chinensis Franch.

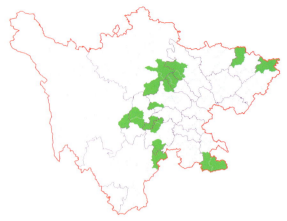

国家保护	中国植物红皮书	极小种群	四川保护
	渐危		

【识别特征】多年生草本。**全株皆具苦味**；根状茎黄色，常分枝，密生须根；叶具长柄，薄革质，卵状三角形，基部心形，掌状三全裂，中央全裂片具长细柄，菱状卵形；侧全裂片斜卵形，稍短于中央全裂片。花葶1~2条，高达25cm；二歧或多歧聚伞花序有3~8朵花；花瓣线形或线状披针形；萼片黄绿色，比花瓣长1倍或近1倍；雄蕊约20。蓇葖果长约6mm，具柄，近等长，呈伞状排列；有种子5~8粒。花期2~3月，果期4~6月。

【生境】生于海拔500~2000m的山地林中或山谷阴处，野生或栽培。

【分布】彭州市、邛崃市、绵阳市（安州区）、北川羌族自治县、叙永县、古蔺县、什邡市、绵竹市、夹江县、峨眉山市、马边彝族自治县、万源市、荥经县、天全县、汶川县、茂县、泸定县、雷波县、南江县、洪雅县。

果实

生境

植株

毛茛科 Ranunculaceae >>>

59. 峨眉黄连

Coptis omeiensis
(Chen) C. Y. Cheng

国家保护	中国植物红皮书	极小种群	四川保护
	濒危		

【识别特征】多年生草本。**全株具苦味**。根状茎黄色，圆柱形，节间短。叶具长柄，叶披针形或窄卵形，掌状三全裂，**中裂片菱状披针形，侧裂片仅为中裂片的1/4~1/3，斜卵形**。花葶通常单一，直立；花序为多歧聚伞花序，最下面 2 条花梗常成对着生；苞片披针形，边缘具栉齿状细齿；萼片黄绿色，狭披针形；花瓣 9~12，线状披针形，长约为萼片的 1/2。蓇葖果与心皮柄近等长。花期 2~3 月，果期 4~7 月。

【生境】生于海拔 1000~1700m 的山地悬崖或石岩上，或生于潮湿处。

【分布】峨眉山市、峨边彝族自治县、洪雅县。

// 植株（花）

// 植株（果）

// 根部

// 生境

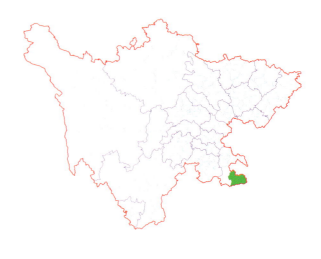

60. 古蔺黄连

Coptis gulinensis T.Z.Wang

国家保护	中国植物红皮书	极小种群	四川保护
			√

【识别特征】多年生草本。根状茎黄色，多须根，常有细长带芽匍匐茎。叶基生；叶片轮廓卵形，三全裂；中央裂片卵状菱形，顶端渐尖，边缘具锐锯齿，叶羽状深裂几达中脉，具5~6对小裂片。花葶通常单一，聚伞花序有花3~10朵；萼片5，淡紫色或黄绿色，线性，具爪，长8~10mm，宽0.9~1.2mm，比花瓣长2倍或更多；花瓣通常10，淡紫色或黄绿色；雄蕊多数，心皮5~10，离生。蓇葖果5~10。花期2~3月，果期3~6月。

【生境】生于海拔1600m左右的潮湿地带。

【分布】古蔺县。

【附注】本种在《中国植物志》以及《FOC》中均未被收录。

生境

毛茛科 Ranunculaceae >>>

61. 距瓣尾囊草

Urophysa rockii Uibr.

花（局部）

国家保护	中国植物红皮书	极小种群	四川保护
			√

【识别特征】多年生草本。根状茎粗壮，木质。叶多数；中全裂片宽菱形或扇状菱形，三深裂，深裂片常具三圆齿，两面均疏被白色短柔毛；侧裂片几无柄，斜扇形，不等二深裂；叶柄被白色短柔毛，基部有鞘。**聚伞花序常具1花；**萼片天蓝色，倒卵形至宽椭圆形，长约2cm；**花瓣船形，具短距，长约2mm。**菁葖果密生明显的横脉，宿存花柱丝形；种子椭圆形，暗褐色，密生小疣状突起。3月开花，4月开始结果。

【生境】生于干旱的石灰岩洞口或土壤贫瘠石壁上。

【分布】彭州市、江油市、北川羌族自治县。

植株

生境

果实

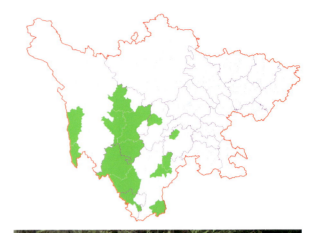

62. 黄牡丹

Paeonia delavayi var.*lutea*
(Delavay ex Franch.) Finet et Gagnep.

国家保护	中国植物红皮书	极小种群	四川保护
	渐危		

【识别特征】亚灌木。当年生小枝草质。叶为二回三出复叶，宽卵形或卵形，长 15~20cm，羽状分裂，裂片披针形至长圆状披针形。花 2~5 朵，生枝顶和叶腋；花瓣 9(~12)，黄色倒卵形，有时边缘红色或基部有紫色斑块。蓇葖果长 3~3.5cm。花期 5 月，果期 7~8 月。

【生境】生于海拔 2300~3700m 的山地阳坡及草丛中。

【分布】盐边县、峨眉山市、天全县、康定市、九龙县、雅江县、道孚县、巴塘县、得荣县、会东县、昭觉县、美姑县、盐源县、木里藏族自治县。

【附注】本种在《FOC》中被归并为滇牡丹 *Paeonia delavayi* Franch。

花被

植株

生境

花（正面）

芍药科 Paeoniaceae >>>

63. 四川牡丹

Paeonia decomposita Hand.-Mazz.

果实

国家保护	中国植物红皮书	极小种群	四川保护
	濒危		√

【识别特征】落叶灌木。叶为三至四回三出复叶；顶生小叶卵形或倒卵形，3裂达中部或近全裂，裂片再3浅裂；侧生小叶卵形或菱状卵形，3裂或不裂而具粗齿。**花单生枝顶，花瓣9~12，玫瑰色或红色**，倒卵形，顶端呈不规则波状或凹缺；**心皮无毛**，革质花盘包裹心皮1/2~2/3；蓇葖果黑褐色，种子黑色，椭圆形或圆形。花期4~6月，果期6~8月。

【生境】生于海拔2400~3100m的山坡、河边草地或丛林中。

【分布】马尔康市、金川县、小金县、理县、茂县、康定市、丹巴县、九龙县。

花枝

生境

花被片

64. 八角莲

Dysosma versipellis
(Hance) M. Cheng ex T. S. Ying

国家保护	中国植物红皮书	极小种群	四川保护
	渐危		

【识别特征】多年生草本。根状茎粗壮，横生。茎直立，不分枝。**茎生叶2枚**，薄纸质，互生，**盾状，4~9掌状浅裂**，裂片先端锐尖，边缘具细齿。花梗下弯、被柔毛；**花深红色，形似灯笼，5~8朵簇生于离叶基部不远处；花瓣6，勺状倒卵形**；形似灯笼；雄蕊6，花丝短于花药。浆果大，椭圆形；种子多数。花期3~6月，果期5~9月。

【生境】生于海拔300~2400m的山坡林下、灌丛中、溪旁阴湿处或竹林下。

【分布】大邑县、都江堰市、崇州市、邛崃市、泸州市（纳溪区）、合江县、叙永县、旺苍县、苍溪县、峨眉山市、峨边彝族自治县、马边彝族自治县、宜宾县、长宁县、高县、筠连县、屏山县、南充市（顺庆区）、营山县、阆中市、宣汉县、万源市、石棉县、天全县、汶川县、茂县、康定市、泸定县、九龙县、会理县、会东县、雷波县、美姑县、南江县、洪雅县。

花冠

花序

生境

果实

小檗科 Berberidaceae ⟫⟫⟫

65. 桃儿七

Sinopodophyllum hexandrum
(Royle) Ying

国家保护	中国植物红皮书	极小种群	四川保护
	稀有		

【识别特征】多年生草本。根状茎粗短，节状。茎直立，单生。叶2枚，薄纸质，非盾状，基部心形，3~5深裂，裂片先端急尖或渐尖，边缘具粗锯齿。**花大，单生，先叶开放，粉红色**；萼片6，早萎；花瓣6，倒卵形或倒卵状长圆形，先端略呈波状。**浆果卵圆形，熟时橘红色，不裂**；种子卵状三角形，红褐色，无肉质假种皮。花期5~6月，果期7~9月。

【生境】生于海拔2200~4300m 林下、林缘湿地、灌丛中或草丛中。

【分布】都江堰市、平武县、峨眉山市、天全县、宝兴县、马尔康市、金川县、小金县、阿坝县、若尔盖县、红原县、壤塘县、汶川县、理县、茂县、松潘县、九寨沟县、黑水县、康定市、泸定县、丹巴县、九龙县、雅江县、道孚县、炉霍县、甘孜县、新龙县、德格县、白玉县、石渠县、色达县、理塘县、巴塘县、乡城县、稻城县、得荣县、木里藏族自治县、洪雅县。

花

果实

植株

生境

66. 鹅掌楸

Liriodendron chinense (Hemsl.) Sarg.

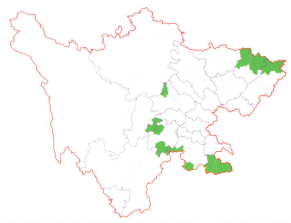

国家保护	中国植物红皮书	极小种群	四川保护
Ⅱ级	稀有		

【识别特征】落叶乔木，高达 40m。小枝灰或灰褐色。叶马褂状，近基部每边具 1 侧裂片，先端具 2 浅裂，下面苍白色。花杯状，花被片 9，绿色；外轮 3 片，萼片状；内两轮 6 片，花瓣状、倒卵形，长 3~4cm，具黄色纵条纹；花期时雌蕊群超出花被之上。聚合果长 7~9cm，具翅的小坚果顶端钝或钝尖，具种子 1~2颗。花期 5 月，果期 9~10 月。

【生境】生于海拔 900~1000m 的山地林中。

【分布】都江堰市、叙永县、古蔺县、峨眉山市、马边彝族自治县、筠连县、屏山县、万源市、通江县、南江县、洪雅县。

花

果枝

花枝

生境

木兰科 Magnoliaceae >>>

67. 康定木兰

Yulania dawsoniana
(Rehder et E. H. Wilson) D. L. Fu

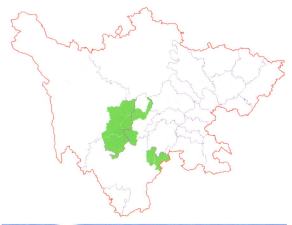

国家保护	中国植物红皮书	极小种群	四川保护
			√

【识别特征】落叶乔木。叶纸质，倒卵形或椭圆状倒卵形，长 7.5~14(18)cm，长超过宽的 2 倍，先端圆钝，具短急尖，基部楔形，通常歪斜，基部具短的托叶痕。花芳香，先叶开放；**花被片 9~12，里面白色，外面带红色，狭长圆状匙形或倒卵状长圆形；**雄蕊紫红色；雌蕊群狭圆柱形。聚合蓇葖果圆柱形；种子扁圆或不规则三角形，径 1cm。花期 4~5 月，果期 9~10 月。

【生境】生于海拔 1400~2500m 的林间。

【分布】石棉县、天全县、芦山县、康定市、泸定县、九龙县、雷波县、美姑县。

【附注】本种在《FOC》中中文名为光叶玉兰。

花

生境

植株

花枝

68. 厚朴

Houpoëa officinalis
(Rehder et E. H. Wilson) N. H. Xia et C. Y. Wu

国家保护	中国植物红皮书	极小种群	四川保护
Ⅱ级	渐危		

【识别特征】落叶乔木。叶大，近革质，7~9片聚生于枝端，长圆状倒卵形，长 22~45cm，先端具短急尖或圆钝，基部楔形，全缘而微波状，叶背被灰色柔毛，有白粉；叶柄粗壮，**托叶痕长为叶柄的2/3**。花白色，芳香；花被片 9~12(17)，厚肉质，**花盛开时内轮花被片直立，外轮花被片反卷**；雄蕊约 72 枚；雌蕊群椭圆状卵圆形。**聚合果长圆状卵圆形，果红色，成熟蓇葖具长 3~4mm 的喙**。花期 5~6 月，果期 8~10 月。

【生境】生于海拔 300~1500m 的山地林间。

【分布】成都市（郫都区）、大邑县、都江堰市、彭州市、崇州市、邛崃市、平武县、北川羌族自治县、合江县、叙永县、什邡市、青川县、峨眉山市、峨边彝族自治县、宜宾县、宣汉县、万源市、荥经县、汉源县、天全县、芦山县、宝兴县、汶川县、理县、茂县、松潘县、康定市、泸定县、会东县、雷波县、美姑县、甘洛县、冕宁县、通江县、南江县、洪雅县。

花

果

花枝

植株

木兰科 Magnoliaceae >>>

69. 圆叶玉兰

Oyama sinensis
(Rehder et E. H. Wilson) N. H. Xia et C. Y. Wu

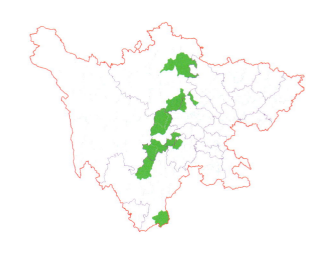

国家保护	中国植物红皮书	极小种群	四川保护
II 级	渐危		

【识别特征】落叶灌木，高可达 6m。叶纸质，倒卵形，叶背被淡灰黄色长柔毛，侧脉每边 9~13 条；托叶痕长约为叶柄长的 2/3。花与叶同时开放，白色，芳香，杯状，下垂；花被片 9 (10)，外轮 3 片较短小；内两轮较大；聚合果红色，长圆状圆柱形；蓇葖狭椭圆体形仅沿背缝开裂，具外弯的喙。花期 5~6 月，果期 9~10 月。

【生境】生于海拔 2600m 的山林间。

【分布】都江堰市、什邡市、峨眉山市、汉源县、石棉县、天全县、芦山县、宝兴县、汶川县、松潘县、会东县、冕宁县、洪雅县。

【附注】本种在《FOC》中中文名为圆叶天女花。

雌雄蕊

叶背

生境

花冠

花枝

70. 西康玉兰

Oyama wilsonii
(Finet et Gagnepain) N. H. Xia et C. Y. Wu

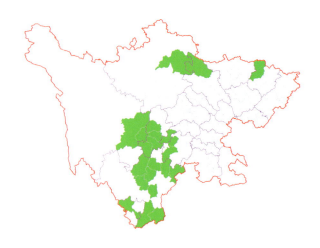

国家保护	中国植物红皮书	极小种群	四川保护
II级	渐危		

【识别特征】落叶灌木或小乔木。小枝紫红色。叶纸质，**椭圆状卵形或长圆状卵形**，长 6.5~12 (20)cm，先端急尖或渐尖，**下面密被银灰色平伏长柔毛，叶柄密披褐色长柔毛**。花与叶同时开放，白色，芳香，下垂，**初杯状，盛开成碟状**；花被片 9 (12)，**外轮 3 片与内两轮近等大**。聚合果下垂，熟时红色后转紫褐色，蓇葖具喙；种子倒卵圆形。花期 5~6 月，果期 9~10 月。

【生境】生于海拔 1900~3300m 的山林间。

【分布】平武县、盐边县、峨眉山市、峨边彝族自治县、荥经县、汉源县、石棉县、天全县、松潘县、康定市、泸定县、西昌市、会理县、会东县、普格县、雷波县、美姑县、越西县、喜德县、冕宁县、南江县、洪雅县。

【附注】本种在《FOC》中中文名为西康天女花。

生境

花枝

果实

花冠

木兰科 Magnoliaceae >>>

71. 红花木莲

Manglietia insignis (Wall.) Bl.

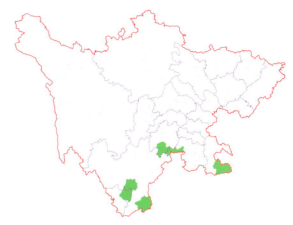

国家保护	中国植物红皮书	极小种群	四川保护
	渐危		

【识别特征】常绿乔木。**叶革质，倒披针形，长圆形或长圆状椭圆形**，长 10~26cm，先端渐尖或尾状渐尖，自 2/3 以下渐窄至基部，叶背中脉具红褐色柔毛或散生平伏微毛；托叶痕为叶柄的 1/4~1/3，无毛。花芳香，花梗粗壮，**离花被片下约 1cm 处具 1 苞片脱落环痕；花被片 9~12，外轮 3 片褐色，腹面染红色或紫红色，向外反曲；中内轮 6~9 片，直立，乳白色染粉红色。**聚合果卵状长圆形，蓇葖背缝全裂，具乳头状突起。花期 5~6 月，果期 8~9 月。

【生境】生于海拔 900~1200m 的林间。

【分布】米易县、马边彝族自治县、古蔺县、屏山县、德昌县、会东县。

花枝

植株

花蕾

果实

72. 巴东木莲

Manglietia patungensis Hu

国家保护	中国植物红皮书	极小种群	四川保护
	濒危		

【识别特征】常绿乔木。叶薄革质，倒卵状椭圆形，长 14~18 (20) cm，先端尾状渐尖，侧脉 13~15；托叶痕为叶柄长的 1/7~1/5。花白色，芳香，花被片下 5–10mm 处具 1 苞片脱落痕，花被片 9，外轮 3 片近革质；中轮及内轮肉质；雄蕊长 6~8mm，花药紫红色；雌蕊群圆锥形，心皮背面无纵沟纹。蓇葖聚合果圆柱状椭圆形，蓇葖露出面具点状凸起。花期 5~6 月，果期 7~10 月。

【生境】生于海拔 600~1000m 的密林中。

【分布】合江县、古蔺县、沐川县、峨眉山市、屏山县。

花

幼果

花枝

木兰科 Magnoliaceae >>>

73. 峨眉含笑

Michelia wilsonii Finet et Gagnepain

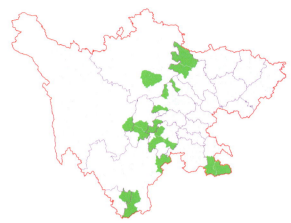

国家保护	中国植物红皮书	极小种群	四川保护
II 级	濒危	√	

【识别特征】常绿乔木。老枝节间较密，具皮孔。叶革质，倒卵形、狭倒卵形或倒披针形，长 10~15cm，先端短尖或短渐尖。花黄色，芳香；花被片带肉质，9~12 片，内轮的较狭小；花梗具 2~4 苞片脱落痕。聚合果果托扭曲；蓇葖紫褐色，具灰黄色皮孔，顶端具弯曲短喙，成熟后 2 瓣开裂。花期 3~5 月，果期 8~9 月。

【生境】生于海拔 600~2000m 的林间。

【分布】都江堰市、邛崃市、平武县、北川羌族自治县、米易县、叙永县、古蔺县、什邡市、沐川县、峨眉山市、峨边彝族自治县、荥经县、汉源县、理县、泸定县、会理县、雷波县、洪雅县。

果枝

花

植株

花枝

74. 峨眉拟单性木兰

Parakmeria omeiensis Cheng

国家保护	中国植物红皮书	极小种群	四川保护
Ⅰ 级	濒危	√	

【识别特征】常绿乔木。**叶革质，椭圆形**，先端短尖或短渐尖，上面深绿色，有光泽，下面淡灰绿色，有腺点。**雄花、两性花异株**；雄花：花被片 12，外轮 3 片浅黄色较薄，内三轮较狭小，乳白色，肉质；花托顶端短钝尖。两性花：花被片与雄花同，雄蕊 16~18 枚；雌蕊群具雌蕊 8~12 枚。**聚合果倒卵圆形，种子外种皮红褐色。**花期 5 月，果期 9 月。

【生境】生于海拔 1200~1300m 的林中。

【分布】峨眉山市。

两性花

花枝

生境

果枝

水青树科 Tetracentraceae >>>

75. 水青树

Tetracentron sinense Olil.

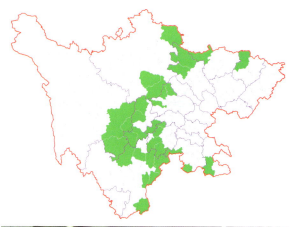
花序

国家保护	中国植物红皮书	极小种群	四川保护
Ⅱ级	稀有		

【识别特征】落叶乔木。长枝细长，顶生；短枝距状，侧生。叶互生，着生于短枝顶端；叶片卵状长圆形，先端渐尖，边缘密生腺体锯齿，掌状 5~9 脉。穗状花序多花，下垂，和一单生叶同生于短侧枝之顶；花两性，花被片 4 枚，绿色或黄绿色。蒴果褐色，4 深裂，基部有宿存的花柱；种子 4~6 枚，条形。花期 4~6 月，果期 8~10 月。

【生境】生于海拔 1500~2500m 的常绿阔叶林或落叶阔叶混交林中。

【分布】大邑县、都江堰市、彭州市、平武县、北川羌族自治县、叙永县、青川县、夹江县、峨眉山市、峨边彝族自治县、马边彝族自治县、筠连县、屏山县、汉源县、石棉县、天全县、宝兴县、汶川县、理县、九寨沟县、康定市、泸定县、九龙县、会东县、布拖县、金阳县、雷波县、美姑县、越西县、冕宁县、南江县、洪雅县。

叶枝

植株

花枝

76. 樟

Cinnamomum camphora (L.) J. Presl

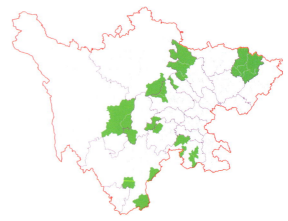

国家保护	中国植物红皮书	极小种群	四川保护
Ⅱ级			

花序

【识别特征】常绿乔木。树皮不规则纵裂，**枝、叶及木材均有樟脑气味**。叶互生，卵状椭圆形，边缘全缘，**具离基三出脉，侧脉及支脉脉腋下面有明显的腺窝。**圆锥花序腋生，具梗；花绿白或带黄色；能育雄蕊9，退化雄蕊3，位于最内轮。果卵球形或近球形，紫黑色。花期4~5月，果期8~11月。

【生境】生于山坡或沟谷中。

【分布】都江堰市、崇州市、绵阳市（安州区）、平武县、北川羌族自治县、什邡市、峨眉山市、宜宾县、长宁县、珙县、石棉县、汶川县、康定市、泸定县、德昌县、会东县、金阳县、巴中市（巴州区、恩阳区）、平昌县、通江县、南江县、洪雅县。

果枝

植株

生境

樟科 Lauraceae >>>

77. 油樟

Cinnamomum longipaniculatum
(Gamble) N.Chao ex H. W. Li

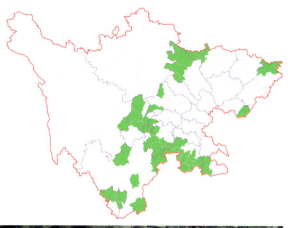

国家保护	中国植物红皮书	极小种群	四川保护
II级			

【识别特征】常绿乔木。**全株具樟脑香气。**树皮灰色，光滑。叶互生，卵形或椭圆形，长 6~12cm，先端骤然短渐尖至长渐尖，常镰形，**羽状脉，侧脉脉腋在上面呈泡状隆起下面有小腺窝。**圆锥花序腋生，多花密集；花淡黄色，有香气；花被筒倒锥形，裂片 6，内面密被白色丝状柔毛，具腺点；能育雄蕊 9，退化雄蕊 3。幼果球形。花期 5~6 月，果期 7~9 月。

【生境】生于海拔 600~2000m 的常绿阔叶林中。

【分布】都江堰市、邛崃市、绵阳市（安州区）、平武县、北川羌族自治县、米易县、盐边县、叙永县、青川县、沐川县、峨眉山市、峨边彝族自治县、马边彝族自治县、宜宾县、长宁县、筠连县、屏山县、万源市、雅安市（雨城区）、荥经县、天全县、宝兴县、泸定县、会东县、普格县、雷波县、冕宁县、邻水县、洪雅县。

果实

枝条

生境

78. 银叶桂

Cinnamomum mairei Lévl.

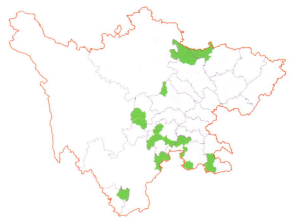
枝条

国家保护	中国植物红皮书	极小种群	四川保护
	濒危		

【识别特征】常绿乔木。叶互生或近对生，披针形，长 6~11cm，先端渐尖，尖头钝，革质，上面绿色，光亮，无毛，**下面苍白色，晦暗，幼时密被银色绢状毛，老时毛被渐脱落，三出脉或离基三出脉**。圆锥花序具 5~12 花；花白色，花被内外两面密被绢状短柔毛；能育雄蕊 9，退化雄蕊 3，位于最内轮，具短柄。果卵球形。花期 4~5 月，果期 8~10 月。

【生境】生于海拔 1300~1800m 的林中。

【分布】都江堰市、平武县、米易县、叙永县、青川县、沐川县、峨眉山市、峨边彝族自治县、宜宾县、筠连县、荥经县、天全县、雷波县。

叶背

植株

樟科 **Lauraceae** >>>

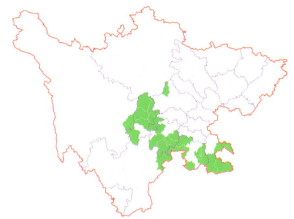

79. 润楠

Machilus nanmu (Oliv.) Hemsl.

国家保护	中国植物红皮书	极小种群	四川保护
II 级	渐危		

【识别特征】常绿乔木。全株具香气。叶椭圆形或椭圆状倒披针形，先端渐尖或尾状渐尖，尖头钝，革质，叶背有贴伏小柔毛。**圆锥花序，花小，带绿色，花被裂片长圆形**；第三轮雄蕊的腺体戟形，有柄，退化雄蕊基部有毛。**果扁球形，成熟时黑色。**花期 4~6 月，果期 7~8 月。

【生境】生于海拔 1000m 或以下的林中或孤立木。

【分布】都江堰市、合江县、叙永县、古蔺县、犍为县、沐川县、峨眉山市、峨边彝族自治县、马边彝族自治县、宜宾县、江安县、长宁县、筠连县、兴文县、屏山县、雅安市（雨城区、名山区）、荥经县、石棉县、天全县、芦山县、宝兴县、泸定县、雷波县、洪雅县。

花枝

植株

生境

果枝

樟科 Lauraceae ▶▶▶

80. 桢楠

Phoebe zhennan S. Lee et F. N. Wei

植株

国家保护	中国植物红皮书	极小种群	四川保护
Ⅱ级	渐危		

【识别特征】常绿乔木。树干通直，木材细密，木质坚硬，常有金丝，带特殊香味，能避免虫蛀。小枝被黄褐或灰褐色柔毛。叶革质，椭圆形，叶背密被短柔毛，脉上被长柔毛。**聚伞状圆锥花序十分开展，在中部以上分枝，每伞形花序有花3~6朵；**花被片近等大，外轮卵形，内轮卵状长卵形，两面被灰黄色柔毛，退化雄蕊三角形，具柄；子房球形，柱头盘状。**果椭圆形。**花期4~5月，果期9~10月。

【生境】多见于海拔1500m以下的阔叶林中。

【分布】成都市（新都区）、大邑县、新津县、都江堰市、崇州市、邛崃市、平武县、荣县、米易县、盐边县、合江县、叙永县、古蔺县、广汉市、乐山市（沙湾区）、犍为县、沐川县、峨眉山市、宜宾市（翠屏区、南溪区）、宜宾县、江安县、长宁县、高县、筠连县、珙县、兴文县、屏山县、万源市、雅安市（名山区）、荥经县、汉源县、石棉县、天全县、芦山县、宝兴县、西昌市、德昌县、普格县、雷波县、丹棱县、洪雅县。

【附注】在《FOC》中中文名为楠木。

花枝

生境

罂粟科 Papaveraceae >>>

81. 红花绿绒蒿

Meconopsis punicea Maxim.

国家保护	中国植物红皮书	极小种群	四川保护
Ⅱ级			

【识别特征】多年生草本，高达 75cm。叶基宿存，其上密被淡黄色或棕褐色多分枝刚毛；叶全基生，莲座状，叶片呈倒披针形或狭倒卵形，基部渐狭，下延入叶柄，全缘，具数纵脉；叶柄基部略扩大成鞘状。花葶被棕黄色的刚毛；**花单生于基生花葶上，下垂；花瓣4（6），椭圆形，深红色。**蒴果椭圆状长圆形，顶端 4~6 微裂；种子密具乳突。花果期 6~9 月。

【生境】生于海拔 2800~4300m 的山坡草地。

【分布】宝兴县、马尔康市、金川县、小金县、阿坝县、若尔盖县、红原县、壤塘县、汶川县、理县、茂县、松潘县、九寨沟县、黑水县、炉霍县、甘孜县、德格县、石渠县、色达县。

花

生境

植株

群落

伯乐树科 Bretschneideraceae ⟫⟫⟫

82. 伯乐树

Bretschneidera sinensis Heml.

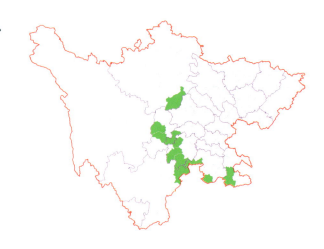

国家保护	中国植物红皮书	极小种群	四川保护
Ⅰ级	稀有		

【识别特征】落叶乔木。奇数羽状复叶互生，小叶7~15片，狭椭圆形或卵状披针形，多少偏斜，全缘。总状花序顶生，总花梗、花梗及花萼均被褐色绒毛；**花淡红色，花萼顶端具不明显5齿；花瓣5，内面有红色纵条纹**。蒴果椭圆球形，种子椭圆球形，平滑，橙红色。花期3~9月，果期5月至翌年4月。

【生境】生于海拔300~1700m的山地林中。

【分布】叙永县、峨眉山市、峨边彝族自治县、马边彝族自治县、筠连县、屏山县、荥经县、天全县、汶川县、雷波县、洪雅县。

花枝

花

生境

植株

金缕梅科 Hamamelidaceae >>>

83. 山白树

Sinowilsonia henryi Hemsl.

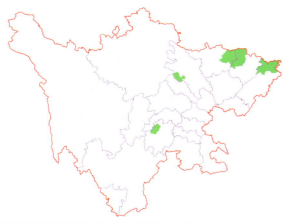

国家保护	中国植物红皮书	极小种群	四川保护
	稀有		

【识别特征】落叶灌木或小乔木。嫩枝有灰黄色星状绒毛。叶纸质或膜质，倒卵形，**叶背有柔毛**，侧脉7~9对，边缘密生小齿突，叶柄有星毛。雄花总状花序无正常叶片；**雌花穗状花序基部有1~2片叶子，花序柄、花序轴、苞片及小苞片均有星状绒毛；果序有不规则棱状突起，被星状绒毛。蒴果卵圆形，被灰黄色长丝毛，宿存萼筒被褐色星状绒毛，与蒴果离生；种子黑色，有光泽，种脐灰白色。花期3~5月，果期6~8月。

【生境】生于海拔1100~1600m的山谷、杂木林中。

【分布】绵阳市（安州区）、旺苍县、峨眉山市、万源市、南江县。

花

果枝

果序

花序

金缕梅科 Hamamelidaceae >>>

84. 半枫荷

Semiliquidambar cathayensis Chang

国家保护	中国植物红皮书	极小种群	四川保护
Ⅱ级	稀有		

【识别特征】常绿乔木。叶簇生于枝顶，革质，异形，同时具有叉状裂叶及不分裂的叶，长 8~13cm，掌状离基三出脉；叶柄 3~4cm，较粗壮。雄花的短穗状花序常数个排成总状；雌花的头状花序单生，花序柄长 4~5cm，无毛；头状果序有蒴果 22~28 个，果有刺针状宿存萼齿，比花柱短。花期 3~6 月，果期 7~9 月。

【生境】生于海拔 1100m 以下的杂木林中。

【分布】古蔺县。

叶枝

植株

果序

枝条

杜仲科 Eucommiaceae >>>

85. 杜仲

Eucommia ulmoides Oliver

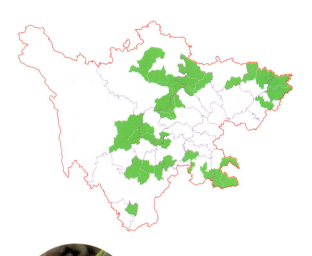

国家保护	中国植物红皮书	极小种群	四川保护
	稀有		

【识别特征】落叶乔木。**树皮、叶、翅果等折断拉开有多数细丝**。叶薄革质，椭圆形、卵形或矩圆形，先端渐尖，仅脉上被毛；侧脉 6~9 对，边缘有锯齿。花生于当年枝基部，雄花无花被，苞片倒卵状匙形；雌花单生，苞片倒卵形。**翅果扁平，先端 2 裂，周围具薄翅**；坚果位于中央，稍突起，与果梗相接处有关节；种子扁平。早春开花，秋后果实成熟。

【生境】生于海拔 300~500m 的低山、谷地或低坡的疏林里。

【分布】大邑县、都江堰市、彭州市、崇州市、绵阳市（安州区）、平武县、江油市、北川羌族自治县、米易县、合江县、叙永县、古蔺县、苍溪县、峨眉山市、马边彝族自治县、宜宾县、长宁县、兴文县、达州市（达川区）、宣汉县、万源市、荥经县、天全县、红原县、汶川县、茂县、黑水县、康定市、泸定县、美姑县、越西县、喜德县、冕宁县、通江县、南江县、洪雅县。

叶

果枝

植株

蔷薇科 Rosaceae ▶▶▶

86. 锡金海棠

Malus sikkimensis (Wenz.) Koehne

国家保护	中国植物红皮书	极小种群	四川保护
	稀有		

【识别特征】落叶小乔木。叶椭圆形至卵形披针形，先端渐尖，有尖锐锯齿，**下面被短绒毛**，沿中脉和侧脉较密。伞房花序生于枝顶，有6~10花；花托杯钟状，正面被绒毛；**萼片花后反折**；**花瓣正面白色，背面粉红色**，近圆形，基部具短爪，先端圆形；雄蕊25~30，不等长；花柱5，长于雄蕊，在基部合生。梨果倒卵状球形或梨形，成熟时暗红色。花期5月，果期9~10月。

【生境】生于海拔2500~3000m山坡、山谷的混交林。

【分布】布拖县、昭觉县。

叶背

枝条

植株

蔷薇科 Rosaceae >>>

87. 峨眉山莓草

Sibbaldia omeiensis Yü et Li

国家保护	中国植物红皮书	极小种群	四川保护
	濒危		

【识别特征】多年生草本。根粗壮，分生多数侧根。植株全身被白色绢毛，有光泽。基生叶为5出掌状复叶，连叶柄长3~7cm，小叶无柄，边缘两个小叶较小，披针形，中间3个小叶长圆披针形。上半部每边有1~4个不规则锯齿；茎生叶，退化成苞叶状。花2~3顶生，直径1.5cm，花瓣5，白色，倒心形，萼片三角卵圆形；雄蕊5枚。花期7月。

【生境】生于海拔3000m左右的岩石缝中。

【分布】峨眉山市。

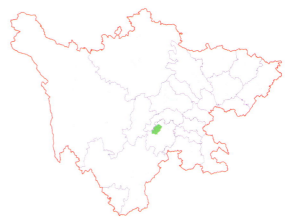
花

花萼

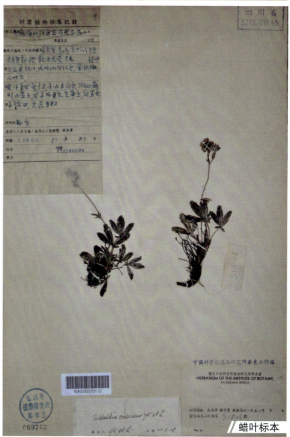
蜡叶标本

豆科 Fabaceae >>>

88. 山豆根

Euchresta japonica Regel

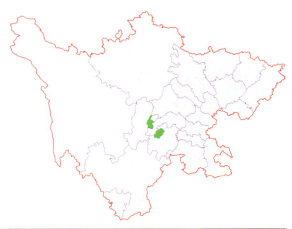

国家保护	中国植物红皮书	极小种群	四川保护
Ⅱ级	濒危		

【识别特征】藤状灌木。茎上常生不定根。叶具 3 小叶；小叶厚纸质，椭圆形，长 8~9.5cm，先端短渐尖至钝圆，叶背有短柔毛。总状花序；**花萼杯状，长 2~5mm，内外均被短柔毛；花冠白色**，旗瓣先端钝圆，匙形；翼瓣瓣柄卷曲，线形；龙骨瓣上半部粘合，极易分离。果序长约 8cm，荚果椭圆形，先端钝圆，果梗长 1cm。花期 5~6 月，果期 7~9 月。

【生境】生于海拔 800~1350m 的山谷或山坡密林中。

【分布】峨眉山市、雅安市（雨城区）。

花

植株

豆科 Fabaceae >>>

89. 野大豆

Glycine soja Sieb. et & Zucc.

国家保护	中国植物红皮书	极小种群	四川保护
II 级	渐危		

【识别特征】一年生缠绕草本。茎纤细，全体疏被褐色长硬毛。叶具3小叶，长可达14cm；托叶卵状披针形，被黄色柔毛；小叶斜卵状披针形至卵圆形，全缘，两面均被绢状糙伏毛。**总状花序通常短，花小，花冠淡红紫色或白色**，龙骨瓣比旗瓣及翼瓣短小，密被长毛；花柱短而向一侧弯曲。荚果长约2cm，种子小，2~3颗，椭圆形，褐色至黑色。花期7~8月，果期8~10月。

【生境】生于海拔150~2650m潮湿的田边、沟旁、河岸、沼泽、林边向阳处。

【分布】绵阳市(涪城区)、叙永县、广汉市、剑阁县、峨眉山市、峨边彝族自治县、石棉县、天全县、卢山县、宝兴县、德昌县、普格县、木里藏族自治县、南江县。

叶

花

生境

果实

豆科 Fabaceae >>>

90. 红豆树

Ormosia hosiei Hemsl. et Wils.

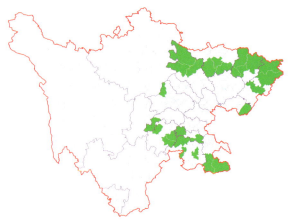

国家保护	中国植物红皮书	极小种群	四川保护
II级	渐危		

【识别特征】常绿或落叶乔木。奇数羽状复叶，长12.5~23cm；小叶1~4对，薄革质，卵形或卵状椭圆形，长3~10cm，侧脉8~10对，与中脉呈60°角。**圆锥花序顶生或腋生，下垂；花疏，有香气；花冠白色或淡紫色，旗瓣倒卵形，翼瓣与龙骨瓣均为长椭圆形。荚果近圆形，扁平，先端有短喙，内壁无隔膜，有种子1~2粒；果瓣革质，无中果皮；种子近圆形或椭圆形，种皮红色。花期4~5月，果期10~11月。**

【生境】生于海拔200~900m的河旁、山坡、山谷林内。

【分布】都江堰市、平武县、江油市、北川羌族自治县、荣县、富顺县、叙永县、古蔺县、什邡市、广元市（昭化区）、剑阁县、苍溪县、犍为县、沐川县、峨眉山市、宜宾县、长宁县、达州市（达川区）、宣汉县、万源市、邻水县、巴中市（巴州区、恩阳区）、通江县、南江县、洪雅县。

种子

植株

生境

花

豆科 Fabaceae >>>

91. 花榈木

Ormosia henryi Prain

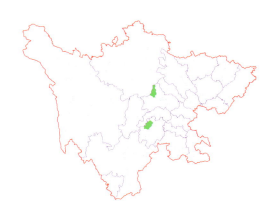

国家保护	中国植物红皮书	极小种群	四川保护
Ⅱ级			

【识别特征】常绿乔木。小枝、叶轴、花序密被褐色茸毛。奇数羽状复叶，小叶（1）2~3 对，革质，椭圆形或长圆状椭圆形，叶背密被黄褐色绒毛。圆锥花序顶生，或总状花序腋生；花萼长 12~14mm；花冠中央淡绿色，边缘绿色微带淡紫；翼瓣倒卵状长圆形，淡紫绿色，龙骨瓣倒卵状长圆形；雄蕊 10，分离，不等长。**荚果扁平**，长 5~12cm；果瓣革质，内壁有横膈膜，有种子 4~8 粒；**种子椭圆形或卵形，种皮鲜红色，有光泽**。花期 7~8 月，果期 10~11 月。

【生境】生于海拔 100~1300m 的山坡、溪谷两旁杂木林内。

【分布】都江堰市、峨眉山市。

荚果

果枝

生境

植株

92. 雅安红豆

Ormosia yaanensis N. Chao

国家保护	中国植物红皮书	极小种群	四川保护
			√

【识别特征】常绿乔木。奇数羽状复叶，长 11~25cm，叶柄、叶轴和叶背微有细毛或秃净；小叶 2~3 对，革质，椭圆形，先端渐尖或尾尖，侧脉 7~8 对，不明显；小叶柄长 5mm，圆形。果序有短毛；**荚果椭圆形，果瓣厚木质**，外被淡黄褐色短刚毛，尤以顶端及基部最密，内有横膈膜，有种子 1~5 粒；种子椭圆形，**种皮暗红色**。花期 7~8 月。

【生境】生于海拔 800~2000m 的山谷、坑边混交林内。

【分布】雅安市（雨城区）。

【附注】本种在《FOC》中被归并为秃叶红豆 *Ormosia nuda* (F. C. How) R. H. Chang & Q. W. Yao

树干

植株

生境

豆科 Fabaceae >>>

93. 雅砻江冬麻豆

Salweenia bouffordiana
H. Sun, Z. M. Li & J. P. Yue

国家保护	中国植物红皮书	极小种群	四川保护
			√

【识别特征】常绿灌木，高约0.5~2m。茎直立，被绒毛。奇数羽状复叶，小叶对生，长0.8~2.5cm；**小叶、叶柄和叶轴被贴伏的灰白色绒毛**；小叶通常3~17，近线形，全缘。花3~7朵簇生于分枝顶端；花冠黄色，倒卵形，先端微缺；翼瓣长圆形，有约7mm的爪；龙骨瓣舟状。单体雄蕊，花丝长约14~18mm。荚果长约6cm，果柄密被贴伏灰白色短柔毛；种子压扁，长约1mm，近心形。花期4~5月，果期6~8月。

【生境】生于雅砻江干河热谷海拔2700~3600m的灌木丛和砾石坡处。

【分布】新龙县。

植株

生境

果序

94. 川黄檗

Phellodendron chinense Schneid.

国家保护	中国植物红皮书	极小种群	四川保护
Ⅱ级			

【识别特征】落叶乔木。树皮开裂，无木栓层，内层黄色，有粘性，味苦。叶轴及叶柄粗壮，通常密被褐锈色或棕色柔毛；小叶 7~15，纸质，长圆状披针形或卵状椭圆形，长 8~15cm，两侧稍不对称，叶全缘或浅波浪状，小叶背面密被毛或至少在叶脉上有长柔毛。花序顶生，花通常密集。果多数密集成团，幼时绿色，成熟时蓝黑色；种子 5~10 粒，有细网纹。花期 5~6 月，果期 9~11 月。

【生境】生于海拔 900~2500m 的杂木林中。

【分布】都江堰市、平武县、米易县、合江县、峨眉山市、宜宾县、长宁县、筠连县、万源市、天全县、宝兴县、泸定县、美姑县、洪雅县。

果实

花序

植株

枝条

楝科 Meliaceae >>>

95. 红椿

Toona ciliata M.Rome Roem.

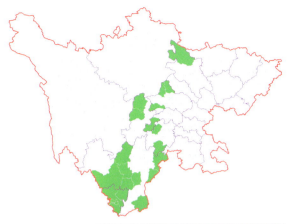

国家保护	中国植物红皮书	极小种群	四川保护
II级	渐危		

【识别特征】落叶乔木。偶数或奇数羽状复叶，通常有小叶 7~8 对；叶纸质，长 8~15cm，先端尾状渐尖，全缘。圆锥花序顶生；花瓣 5，白色，长圆形；雄蕊 5；子房与花盘被毛，子房每室具胚珠 8~10 颗。蒴果较大，长 2~3.5cm，长椭圆形，**木质，干后开裂，紫褐色，有苍白色皮孔；种子两端具膜质翅**。花期 4~6 月，果期 10~12 月。

【生境】多生于低海拔沟谷林中或山坡疏林中。

【分布】都江堰市、彭州市、邛崃市、平武县、攀枝花市（东区、西区、仁和区）、米易县、盐边县、峨眉山市、马边彝族自治县、天全县、宝兴县、西昌市、德昌县、会东县、普格县、金阳县、雷波县、冕宁县、盐源县、洪雅县。

果枝

叶

生境

植株

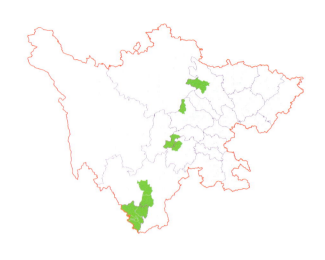

96. 毛红椿

Toona ciliata var *pubescens*
（Franch）Hand

国家保护	中国植物红皮书	极小种群	四川保护
Ⅱ级			

【识别特征】本变种与原种红椿的区别在于**其叶轴和小叶片背面被短柔毛，脉上尤甚**；小叶柄长约9mm。花瓣近卵状长圆形，先端近急尖，长4.5mm，宽1.5mm；花丝被疏柔毛，花柱具长硬毛。蒴果顶端浑圆。

【生境】生于低海拔至中海拔的山地密林或疏林中。

【分布】都江堰市、北川羌族自治县、攀枝花市（东区、西区、仁和区）、米易县、盐边县、峨眉山市、西昌市、德昌县、洪雅县。

【附注】本种在《FOC》中被归并为红椿 *Toona ciliata* M.Roem.。

枝条

生境

瘿椒树科 Tapisciaceae >>>

97. 瘿椒树

Tapiscia sinensis Oliv.

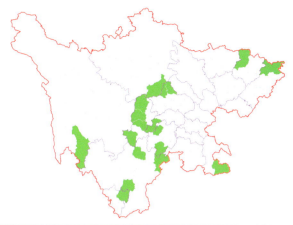

国家保护	中国植物红皮书	极小种群	四川保护
	稀有		

【识别特征】落叶乔木。奇数羽状复叶；小叶 5~9，狭卵形或卵形，边缘具锯齿，两面无毛或仅脉腋被毛，背面带灰白色，密被近乳头状白粉点。**圆锥花序腋生，雄花与两性花异株；花小，黄色，有香气；常被虫瘿侵袭；**花瓣 5，狭倒卵形，比萼稍长；花萼、花瓣边缘具毛。**果序长达 10cm**，核果红色近球形或椭圆形，常被虫瘿侵袭。花期 3~5 月，果期 5~7 月。

【生境】生于海拔 400~1800m 的山坡与溪谷旁。

【分布】都江堰市、彭州市、米易县、古蔺县、峨眉山市、马边彝族自治县、万源市、荥经县、石棉县、天全县、宝兴县、汶川县、稻城县、德昌县、雷波县、越西县、南江县、洪雅县。

花序

果实

生境

果枝

98. 梓叶槭

Acer catalpifolium
subsp. *Catalpifolium* (Rehder) Y. S. Chen

国家保护	中国植物红皮书	极小种群	四川保护
Ⅱ级	濒危	√	

【识别特征】落叶乔木。叶纸质，卵形或长圆卵形，长 10~20cm，宽 5~9cm，基部圆形，**先端钝尖具尾状尖尾，叶背仅脉腋具黄色丛毛**。伞房花序；花黄绿色，杂性，雄花与两性花同株，四月于叶初生时开放；花瓣 5，无毛。小坚果压扁状卵形，淡黄色；翅果，长 5~5.5cm，**翅近顶端部分最宽**，下端狭窄张开成锐角或近于直角。花期 4 月上旬，果期 8~9 月。

【生境】生于海拔 400~1000m 的阔叶林中。

【分布】大邑县、都江堰市、彭州市、崇州市、邛崃市、简阳市、平武县、北川羌族自治县、夹江县、峨眉山市、峨边彝族自治县、筠连县、雅安市（名山区）、荥经县、石棉县、天全县、宝兴县、汶川县、理县、茂县、康定市、雷波县、洪雅县。

【附注】本种在《FOC》中中文名为梓叶枫。

果序

树干

植株

枝条

槭树科 Aceraceae ≫≫

99. 五小叶槭

Acer pentaphyllum Diels

国家保护	中国植物红皮书	极小种群	四川保护
			√

【识别特征】落叶乔木。**掌状复叶对生，有小叶4~7，通常5**；小叶纸质，窄披针形，长5~9cm，先端锐尖，基部楔形或阔楔形，全缘；**叶柄及小叶柄淡紫色**。伞房花序，由着叶的小枝顶端生出；花淡绿色，杂性，雄花与两性花同株；花瓣5，长圆形或狭长圆形。小坚果淡紫色，凸起，**翅淡黄绿色，翅尖渐变粉红色**；张开近于锐角或钝角。花期4月，果期9月。

【生境】生于海拔2300~2900m的疏林中。

【分布】康定市、九龙县、雅江县、木里藏族自治县。

【附注】本种在《FOC》中中文名为五小叶枫。

植株

叶

生境

槭树科 Aceraceae ▶▶▶

100. 金钱槭

Dipteronia sinensis Oliv.

花序

国家保护	中国植物红皮书	极小种群	四川保护
	稀有		

【识别特征】落叶小乔木。奇数羽状复叶对生，长20~40cm，有小叶 7~13 枚；小叶纸质，长圆卵形或长圆披针形，长 7~10cm，先端锐尖或长锐尖，仅叶脉及脉腋具短的白色丛毛。圆锥花序无毛，顶生或腋生；花白色，杂性，雄花与两性花同株；花瓣 5，阔卵形，与萼片互生。果实的周围围着圆形或卵形的翅，形似古时钱币，翅果直径为 2~2.5cm，嫩时紫红色，被长硬毛，成熟时淡黄色，无毛；种子圆盘形。花期 4 月，果期 9 月。

【生境】生于海拔 1000~2000m 的林边或疏林中。

【分布】平武县、北川羌族自治县、峨边彝族自治县、万源市、天全县、宝兴县、小金县、汶川县、理县、松潘县、康定市、九龙县、道孚县、新龙县、越西县、南江县。

【附注】本种在《FOC》中中文名为金钱枫。

果枝

枝条

生境

无患子科 Sapindaceae >>>

101. 野生荔枝

Litchi chinensis Sonn.

国家保护	中国植物红皮书	极小种群	四川保护
	渐危		

【识别特征】常绿乔木。树皮灰黑色；小枝圆柱状，褐红色，密生白色皮孔。小叶 2 或 3 对，薄革质或革质，长 6~15cm，全缘，两面无毛；侧脉常纤细。花序顶生，阔大，多分枝；花萼被金黄色短绒毛；子房密覆小瘤体和硬毛。果卵圆形至近球形，长 2~3.5cm，成熟时通常暗红色至鲜红色；种子全部被肉质假种皮包裹。花期 2~3 月，果期 6~7 月。

【生境】生于海拔 800m 以下山地雨林中，现在多为栽培。

【分布】米易县、内江市（市中区）、乐山市（沙湾区）、犍为县、夹江县、峨眉山市、宜宾县、青神县、洪雅县。

【附注】四川现有荔枝多为栽培，但根据部分资料，现存古树可能为古时野生残存。

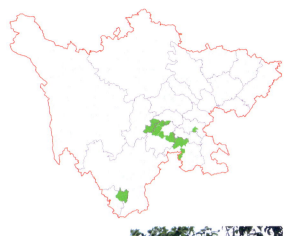

果实

花枝

生境

树干

梧桐科 Sterculiaceae ≫≫≫

102. 平当树

Paradombeya sinensis Dunn

国家保护	中国植物红皮书	极小种群	四川保护
Ⅱ级			

【识别特征】落叶灌木或小乔木。叶膜质，卵状披针形至椭圆状披针形，顶端长渐尖，边缘有密的小锯齿；茎生脉 3 条。花簇生于叶腋；花梗柔弱，有关节；花瓣 5 片，黄色，不相等，顶端截形，凋而不落；雄蕊 15 枚，每 3 枚集合成群并与舌状的退化雄蕊互生。蒴果无翅，近圆球形，每果瓣有种子 1 个；种子矩圆状卵形，深褐色。花期 9~10 月。

【生境】生于海拔 280~1500m 山坡上的稀树灌丛草坡中。

【分布】屏山县。

枝条

花枝

花序

生境

梧桐科 Sterculiaceae >>>

103. 云南梧桐

Firmiana major (W. W. Smith) Hand.-Mazz.

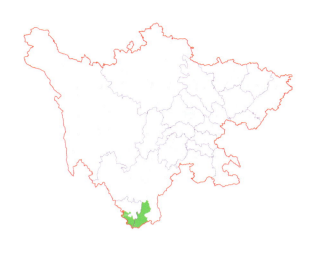

国家保护	中国植物红皮书	极小种群	四川保护
	稀有		

【识别特征】落叶乔木。叶掌状 3 裂，基生脉 5~7 条，长 17~30cm，宽度常比长度大，下面密被黄褐色短茸毛，后来渐脱落。**圆锥花序顶生或腋生；花紫红色；**萼 5 深裂几至基部，长约 12mm。**蓇葖果膜质，长约7cm；种子圆球形，黄褐色，表面有皱纹，着生在心皮边缘的近基部。**花期 6~7 月，果熟期 10 月。

【生境】生于海拔 1600~3000m 的山地或坡地，村边、路边也常见。

【分布】攀枝花市 (西区、仁和区)、会理县。

叶

果实

植株

山茶科 Theaceae >>>

104. 小黄花茶

Camellia luteoflora Li ex H. T. Chang

国家保护	中国植物红皮书	极小种群	四川保护
			√

【识别特征】常绿灌木或小乔木。芽体被白色茸毛。叶长圆形或椭圆形，长 6.5~12cm，先端渐尖或急锐尖，基部阔楔形。**花单生于叶腋或枝顶，黄色，不展开，无柄；**苞被片半宿存；花瓣 7~8 片，阔椭圆形至倒卵状椭圆形，基部合生；雄蕊 2 轮，外轮的花丝基部连生；子房 3 室，花柱短，顶端 3 裂，分离。蒴果球形，直径 1cm；种子每室 1 个。花期 11 月。

【生境】生于海拔 600~1500m 常绿阔叶林中。

【分布】叙永县、古蔺县、长宁县。

果

植株

叶

花

山茶科 Theaceae >>>

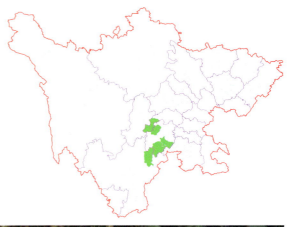

105. 紫茎

Stewartia sinensis Rehd. et E. H. Wilson

国家保护	中国植物红皮书	极小种群	四川保护
	渐危		

【识别特征】常绿小乔木。冬芽2~3片鳞苞,树皮粗糙。叶纸质,椭圆形或卵状椭圆形,长6~10cm,先端渐尖,边缘有粗齿,下面叶腋常有簇生毛丛。花单生;萼片5,基部连生,先端尖;花瓣5,阔卵形,白色,长2.5~3cm,基部连生,外面有绢毛;雄蕊多数;花柱长1.6~1.8cm,子房有毛。蒴果卵圆形,先端尖,宽1.5~2cm;种子有窄翅。花期6月。

【生境】生于海拔600~1900m常绿阔叶林或常绿、落叶阔叶混交林林中或林缘。

【分布】沐川县、峨眉山市、马边彝族自治县、美姑县、洪雅县。

花

叶

枝条

106. 疏花水柏枝

Myricaria laxiflora
(Franch.) P. Y. Zhang et Y. J. Zhang

国家保护	中国植物红皮书	极小种群	四川保护
			√

【识别特征】落叶灌木，直立。叶密生；叶披针形或长圆形，长 2~4mm，先端钝或锐尖，常内弯，具狭膜质边。**总状花序通常顶生，较稀疏**；苞片披针形或卵状披针形；**花瓣倒卵形，粉红色或淡紫色**；花丝 1/2 或 1/3 部分合生。蒴果狭圆锥形，**种子顶端芒柱一半以上被白色长柔毛**。花、果期 8~11 月。

【生境】生于路旁及河岸边。

【分布】泸州市（江阳区、纳溪区）、乐山市（市中区）、宜宾市（翠屏区、南溪区、江安县）。

果实

花序

枝条

生境

蓝果树科 Nyssaceae ⟩⟩⟩

107. 喜树

Camptotheca acuminata Decne.

国家保护	中国植物红皮书	极小种群	四川保护
Ⅱ级		√	

花枝

【识别特征】落叶乔木。树皮纵裂成浅沟状。叶互生，纸质，矩圆状卵形或矩圆状椭圆形，长12~28cm，全缘。花杂性，同株；**头状花序近球形**，常由2~~9个头状花序组成圆锥花序，顶生或腋生，通常上部为雌花序，下部为雄花序；花瓣5枚，淡绿色，矩圆形或矩圆状卵形。**翅果矩圆形，两侧具窄翅，幼时绿色，干燥后黄褐色，常多数聚集成头状果序。**花期5~7月，果期9月。

【生境】常生于海拔1000m以下的林边或溪边。

【分布】成都市(温江区)、大邑县、都江堰市、彭州市、崇州市、平武县、北川羌族自治县、自贡市（自流井区、贡井区、大安区、沿滩区）、荣县、富顺县、攀枝花市（东区、西区、仁和区）、米易县、盐边县、叙永县、广汉市、什邡市、绵竹市、广元市（利州区、昭化区、朝天区）、旺苍县、青川县、剑阁县、苍溪县、内江市（东兴区）、资中县、隆昌县、威远县、峨眉山市、峨边彝族自治县、马边彝族自治县、宜宾县、长宁县、屏山县、南充市（顺庆区、高坪区、嘉陵区）、西充县、南部县、蓬安县、营山县、仪陇县、阆中市、大竹县、渠县、雅安市（名山区）、天全县、汶川县、茂县、康定市、泸定县、西昌市、普格县、美姑县、喜德县、岳池县、华蓥市、巴中市（巴州区、恩阳区）、平昌县、通江县、南江县、眉山市（彭山区）、洪雅县。

果序
植株

生境

蓝果树科 Nyssaceae ▶▶▶

108. 珙桐

Davidia involucrate Baill.

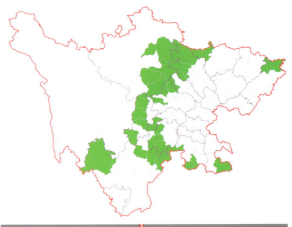

国家保护	中国植物红皮书	极小种群	四川保护
I 级	稀有		

【识别特征】落叶乔木。树皮常裂成不规则的薄片而脱落。叶纸质，互生，常密集于幼枝顶端，阔卵形或近圆形，长 9~15cm，边缘有三角形而尖端锐尖的粗锯齿。两性花与雄花同株，多数的雄花与 1 个雌花或两性花呈近球形的头状花序，着生于幼枝的顶端；**花下有 2~3 枚白色大形花瓣状的苞片，如展翅飞翔的白鹤**；子房 6~10 室。核果大，长 3~4cm，**紫绿色具黄色斑点，常单生**；种子 3~5 枚。花期 4 月，果期 10 月。

果实

【生境】生于海拔 1500~2200m 的润湿的常绿阔叶落叶阔叶混交林中。

【分布】大邑县、都江堰市、彭州市、绵阳市（安州区）、平武县、北川羌族自治县、古蔺县、什邡市、青川县、峨眉山市、峨边彝族自治县、马边彝族自治县、筠连县、珙县、屏山县、万源市、荥经县、石棉县、天全县、宝兴县、汶川县、理县、茂县、松潘县、雷波县、美姑县、越西县、木里藏族自治县、洪雅县。

花枝

生境

植株

蓝果树科 Nyssaceae ≫≫≫

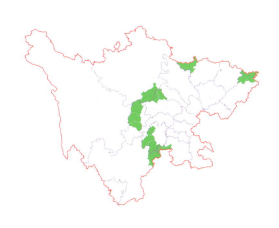

109. 光叶珙桐

Davidia involucrate
var. *vilmoriniana* (Dode) Wangerin

国家保护	中国植物红皮书	极小种群	四川保护
I 级	稀有		

【识别特征】与原变种的区别在于**本变种叶下面常无毛或幼时叶脉上被很稀疏的短柔毛及粗毛，有时下面被白霜。**

【生境】生于海拔 1500~2200m 的润湿的常绿阔叶落叶阔叶混交林中，常与珙桐混生。

【分布】都江堰市、彭州市、青川县、峨眉山市、峨边彝族自治县、马边彝族自治县、屏山县、万源市、荥经县、天全县、宝兴县、汶川县、雷波县。

花

果实

生境

110. 细果野菱

Trapa incisa Sieb. et Zucc.

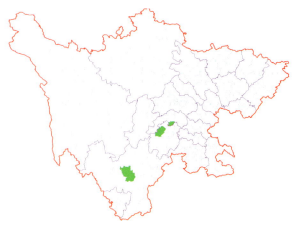

国家保护	中国植物红皮书	极小种群	四川保护
Ⅱ级			

【识别特征】一年生浮水水生草本。根二型：着泥根细铁丝状，生水底泥中；同化根，羽状细裂，裂片丝状。叶二型：浮水叶聚生于主枝或分枝茎顶端，**叶片三角状菱圆形**，边缘中上部有不整齐的浅圆齿或牙齿，中下部全缘，基部近截形；沉水叶小，早落。花小，单生于叶腋；花瓣4，白色；花盘全缘。果高1~2cm，**表面平滑**，具4刺角，2肩角斜向上，2腰角斜下伸；果喙尖头帽状或细圆锥状，无果顶冠。花期6~7月，果期8~9月。

【生境】多生于边远湖沼中。

【分布】峨眉山市、西昌市、青神县

果实

植株

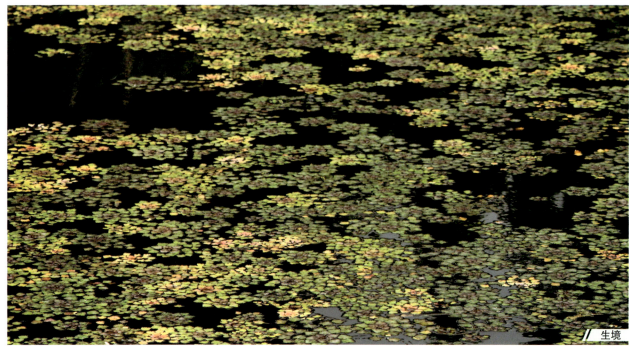
生境

小二仙草科 Haloragaceae >>>

111. 乌苏里狐尾藻

Myriophyllum ussuriense(Regel)
Maximowicz

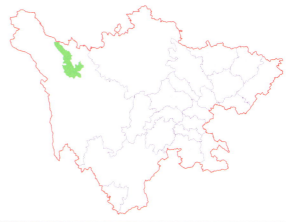

国家保护	中国植物红皮书	极小种群	四川保护
II 级			

【识别特征】水生草本。根状茎发达。茎常单一不分枝；水中茎下部叶 4 片轮生，广披针形、羽状深裂，对生，线形，全缘；水面以上茎上部叶仅具 1~2 片，细线状。花单生于叶腋，雌雄异株，无花梗；雄花花瓣 4，倒卵状长圆形，雄蕊 8 或 6；雌花花瓣早落。果圆卵形，表面具细疣。花期 5~6 月，果期 6~8 月。

【生境】生于海拔 3000m 左右的湖泊或沼泽中。

【分布】甘孜县。

植株

花序

112. 蓝果杜鹃

Rhododendron cyanocarpum
(Franch.) W. W. Smith

国家保护	中国植物红皮书	极小种群	四川保护
	渐危		

【识别特征】常绿灌木或小乔木。枝条粗壮，树皮有裂纹和层状剥落。**叶常 5~6 枚密生于枝顶，革质**，宽倒卵形，长 8~13cm，先端短尖，叶柄扁平，宽 3~4mm。总状伞形花序，有花 5~9 朵；花萼浅裂，裂片不等大；**花冠钟状或管状钟形，白色或淡红色，5 裂**；花丝无毛；雄蕊 10，不等长。**蒴果蓝色**，圆柱状，成熟后 5~6 裂，花萼宿存，包围果实的 1/3~1/2。花期 4~5 月，果期 8~10 月。

【生境】生于海拔 3000~4000m 的云杉或冷杉林下、高山杜鹃林中。

【分布】木里藏族自治县。

花

花枝

群落

植株

杜鹃花科 Ericaceae >>>

113. 大王杜鹃

Rhododendron rex Lév.

国家保护	中国植物红皮书	极小种群	四川保护
	渐危		

【识别特征】常绿小乔木。叶革质，长 17~27cm，叶背有淡灰色至淡黄褐色的两层毛被，边缘全缘，叶柄圆柱形。总状伞形花序，有花 15~30 朵；花冠管状钟形，粉红色或蔷薇色，基部有深红色斑点，8 裂。蒴果圆柱状，有锈色毛，常 8 室，成熟后顶端开裂。花期 5~6 月，果期 8~9 月。

【生境】生于海拔 2300~3300m 的山坡林中，常呈成片的矮曲林。

【分布】米易县、盐边县、峨边彝族自治县、马边彝族自治县、石棉县、泸定县、西昌市、会理县、会东县、普格县、金阳县、雷波县、美姑县、越西县、冕宁县、盐源县、木里藏族自治县。

花序

花枝

生境

植株

杜鹃花科 Ericaceae ▶▶▶

114. # 假乳黄叶杜鹃

Rhododendron rex subsp. *fictolacteum*
(I.B.Balfour) D.F.Chamberlain

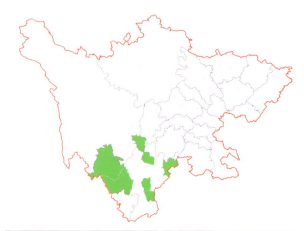

国家保护	中国植物红皮书	极小种群	四川保护
	渐危		

【识别特征】与大王杜鹃的区别：**叶片较窄**，椭圆形、倒卵状椭圆形至倒披针形，宽 4~8 厘米，**下面毛被深棕色**。花期 4~6 月，果期 9~10 月。

【生境】生于海拔 2900~4000 米的山坡、冷杉林下、杜鹃灌丛中。

【分布】石棉县、雷波县、越西县、木里藏族自治县、普格县、宁南县、盐源县。

花序

花

植株

报春花科 Primulaceae >>>

115. 羽叶点地梅

Pomatosace filicula Maxim.

国家保护	中国植物红皮书	极小种群	四川保护
II 级			

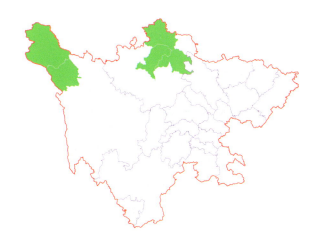

果

【识别特征】一或二年生草本。叶多数，叶线状矩圆形，长 1.5~9cm，两面沿中肋被白色疏长柔毛，**羽状深裂至近羽状全裂**，全缘或具 1~2 牙齿；叶柄近基部扩展，略呈鞘状。花葶通常多枚自叶丛中抽出，伞形花序 6~12 花；**花萼杯状，5 裂，红色。花冠白色，5 裂**，裂片矩圆状椭圆形。蒴果近球形，周裂成上下两半，通常具种子 6~12 粒。花期 5~6 月，果期 8~9 月。

【生境】生于海拔 3000~4500m 的高山草甸和河滩砂地。

【分布】若尔盖县、红原县、松潘县、德格县、石渠县。

花

生境

植株

116. 白辛树

Pterostyrax psilophyllus
Diels ex Perk.

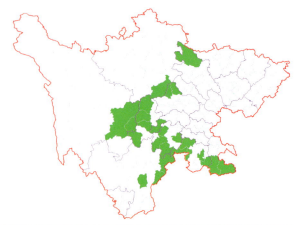

国家保护	中国植物红皮书	极小种群	四川保护
	渐危		

【识别特征】落叶乔木。叶硬纸质，长椭圆形、倒卵形或倒卵状长圆形，长 5~15cm，顶端急尖或渐尖，边缘具细锯齿，**叶下面灰白色，成长叶下面密被灰色星状绒毛**。圆锥花序顶生或腋生；花序梗、花梗和花萼均密被黄色星状绒毛；花白色，花瓣长椭圆形或椭圆状匙形。**果近纺锤形，5~10 棱或有时相间的 5 棱不明显，密被灰黄色舒展、丝质长硬毛**。花期 4~5 月，果期 8~10 月。

【生境】生于海拔 600~2500m 的湿润林中。

【分布】都江堰市、彭州市、平武县、叙永县、古蔺县、犍为县、峨眉山市、峨边彝族自治县、马边彝族自治县、宜宾县、长宁县、兴文县、屏山县、荥经县、石棉县、天全县、宝兴县、汶川县、康定市、泸定县、普格县、金阳县、雷波县、洪雅县。

花

生境

枝条

安息香科 Styracaceae >>>

117. 木瓜红

Rehderodendron macrocarpum Hu

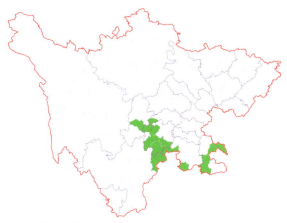

国家保护	中国植物红皮书	极小种群	四川保护
	渐危		

【识别特征】落叶小乔木。叶纸质至薄革质，长卵形、椭圆形或长圆状椭圆形，长9~13cm，顶端急尖或短渐尖，叶脉常呈紫红色，仅嫩叶脉被星状柔毛。总状花序有花6~8朵，生于小枝下部叶腋；花序梗、花梗和小苞片外面均密被灰黄色星状柔毛；**花白色，与叶同时开放**；花冠裂片长1.5~1.8cm，两面均密被细绒毛；雄蕊长者较花冠稍长，短者与花冠近相等；**果实长圆形或长卵形，有8~10棱，棱间平滑，无毛，熟时红褐色，外果皮薄而硬，中果皮纤维状木质，内果皮木质**，向中果皮放射成许多间隙；种子长圆状线形，栗棕色。花期3~4月，果期7~9月。

【生境】生于海拔1000~1500m的密林中。

【分布】合江县、叙永县、沐川县、峨眉山市、峨边彝族自治县、马边彝族自治县、筠连县、屏山县、荥经县、雷波县、洪雅县。

幼果

果枝

花枝

木犀科 Oleaceae >>>

118. 羽叶丁香

Syringa pinnatifolia Hemsl.

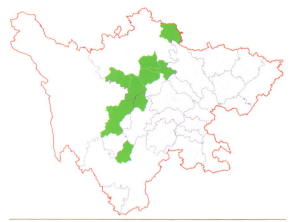

叶背

国家保护	中国植物红皮书	极小种群	四川保护
	濒危		

【识别特征】落叶灌木。**羽状复叶对生**，长 2~8cm，具小叶 7~11（13）枚；叶轴有时具狭翅，无毛；小叶片卵状披针形、卵状长椭圆形至卵形，常具小尖头，叶缘具纤细睫毛。**圆锥花序由侧芽抽生，稍下垂；花冠4，白色、淡红色，略带淡紫色，花冠管略呈漏斗状；花药黄色。**果长圆形，光滑。花期5~6月，果期8~9月。

【生境】生于海拔 2600~3100m 的山坡灌丛。

【分布】宝兴县、金川县、小金县、理县、茂县、九寨沟县、黑水县、康定市、冕宁县。

枝条

花序

生境

玄参科 Scrophulariaceae >>>

119. 胡黄连

Neopicrorhiza scrophulariiflora
(Pennell) D. Y. Hong

果实

国家保护	中国植物红皮书	极小种群	四川保护
II级	濒危		

【识别特征】多年生草本，植株高 4~12cm。根状茎直径达 1cm，上端密被老叶残余，节上有粗的须根。叶匙形至卵形，长 3~6cm，基部渐狭成短柄状，边具锯齿。花葶生棕色腺毛，穗状花序；**花冠深紫色，裂片 4，外面被短毛；雄蕊 4**。蒴果长卵形，长 8~10mm。花期 7~8 月，果期 8~9 月。

【生境】生于海拔 3600~4400m 高山草地及石堆中。

【分布】金阳县、木里藏族自治县。

植株

生境

群落

120. 山莨菪

Anisodus tanguticus (Maxim.) Pascher

花（侧面）

国家保护	中国植物红皮书	极小种群	四川保护
Ⅱ级			

【识别特征】多年生宿根草本。根粗大，近肉质。叶片纸质或近坚纸质，矩圆形至狭矩圆状卵形，长8~11厘米，顶端急尖或渐尖，具啮蚀状细齿，叶柄两侧略具翅。花俯垂或有时直立；花萼脉劲直，被微柔毛或几无毛；**花冠钟状或漏斗状钟形，紫色或暗紫色**。果实球状或近卵状，**宿存萼较果实长1倍或略长，绿色**，果梗长达8厘米，挺直。花期5~6月，果期7~8月。

【生境】生于海拔2800~4200m的山坡、草坡阳处。

【分布】马尔康市、金川县、阿坝县、若尔盖县、红原县、壤塘县、理县、茂县、松潘县、黑水县、康定市、九龙县、雅江县、道孚县、炉霍县、甘孜县、新龙县、德格县、白玉县、石渠县、色达县、理塘县、巴塘县、乡城县、稻城县、得荣县、木里藏族自治县。

花（正面）

生境

植株

茜草科 Rubiaceae ⟫

121. 香果树

Emmenopterys henryi Oliv.

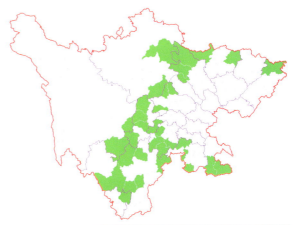
果枝

国家保护	中国植物红皮书	极小种群	四川保护
Ⅱ级	稀有		

【识别特征】落叶乔木。叶纸质或革质，阔椭圆形、阔卵形或卵状椭圆形，全缘。圆锥状聚伞花序顶生；花芳香，**萼裂片变态为叶状，白色、淡红色或淡黄色**，纸质或革质，匙状卵形或广椭圆形；花冠漏斗形，白色或黄色，被黄白色绒毛，裂片近圆形；花丝被绒毛。蒴果长圆状卵形或近纺锤形，有纵细棱；种子多数，小而有阔翅。花期6~8月，果期8~11月。

【生境】生于海拔400~1600m处的山谷林中。

【分布】都江堰市、彭州市、邛崃市、绵阳市（安州区）、平武县、北川羌族自治县、米易县、叙永县、古蔺县、旺苍县、青川县、沐川县、峨眉山市、峨边彝族自治县、马边彝族自治县、宜宾县、筠连县、万源市、荥经县、石棉县、天全县、宝兴县、汶川县、松潘县、泸定县、九龙县、德昌县、普格县、雷波县、越西县、冕宁县、盐源县、洪雅县。

花枝

植株

生境

122. 丁茜

Trailliaedoxa gracilis W. W. Smith et Forrest

国家保护	中国植物红皮书	极小种群	四川保护
Ⅱ级			

【识别特征】直立亚灌木，多分枝。叶对生，革质，倒卵形或倒披针形，长 5~10mm，全缘，叶背中脉被长毛；叶柄极短；托叶锥形，2 裂。花序近球形，有花 6~12 朵；花冠螺旋状排列，红白色或浅黄色，延长漏斗形；子房每室有 1 颗胚珠。果密被钩毛，顶部冠以宿存萼檐裂片。花果期 7~8 月。

【生境】生于干暖河谷两旁的岩石中和山坡草丛中。

【分布】米易县、西昌市、德昌县、金阳县、雷波县、冕宁县。

花枝

植株

生境

菊科 Asteraceae ≫≫

123. 栌菊木

Nouelia insignis Franch.

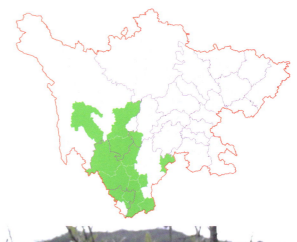

国家保护	中国植物红皮书	极小种群	四川保护
	稀有		

【识别特征】落叶灌木或小乔木。枝粗壮，常扭转。叶片厚纸质，长 8~19cm，顶端短尖或钝而中脉延伸成一短硬尖头，叶背薄被灰白色绒毛。**头状花序直立，单生，无梗**；总苞钟形，约 7 层，背面被黄褐色绒毛；**花全部两性，白色**；**缘花花冠二唇形**，外唇舌状，内唇 2 裂线形；**盘花花冠管状或不明显二唇形**，檐部 5 裂。瘦果圆柱形，有纵棱，被倒伏的绢毛；冠毛 1 层，微白色或黄白色，刚毛状。花期 3~4 月。

【生境】生于海拔 1000~2500m 的山区灌丛中。

【分布】米易县、盐边县、石棉县、康定市、九龙县、理塘县、西昌市、德昌县、会理县、会东县、普格县、雷波县、冕宁县、盐源县、木里藏族自治县。

植株

花枝

花序

冰沼草科 Scheuchzeriaceae >>>

124. 冰沼草

Scheuchzeria palustris Linn.

国家保护	中国植物红皮书	极小种群	四川保护
II 级			

【识别特征】多年生沼生草本。根茎横走；地上茎短，直立，节间短。叶基生或茎生，具开放叶鞘；**基生叶直立而相互紧靠**，长 20~30cm；茎生叶长 2~13cm，叶线形，半圆柱形而中实，上部筒状，先端近轴面有孔。总状花序短，顶生，具（3~)5(~12）花；**花柄基部具叶状苞片；花被片 6，2 轮，黄绿色，萼片状，外轮花被片宿存**；心皮 3(~6),基部稍合生，直立倒生胚珠 2 至数枚，生于子室基部边缘。蓇葖果几无喙，外弯伸展，种子无胚乳。花期 6~7 月。

【生境】生于沼泽和其他极湿处。

【分布】宝兴县。

花

果实

花序

植株

水鳖科 Hydrocharitaceae ≫≫

125. 海菜花

Ottelia acuminata (Gagnep.) Dandy

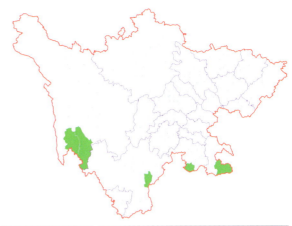

国家保护	中国植物红皮书	极小种群	四川保护
	渐危		

【识别特征】沉水草本。茎短缩。叶基生，叶形变化较大，线形、长椭圆形、披针形、卵形以及阔心形；叶柄上及叶背沿脉常具肉刺。花单生，雌雄异株；雄佛焰苞内含 40~50 朵雄花，萼片 3，长 8~15mm；**花瓣 3，白色，基部黄色或深黄色，倒心形**；雌佛焰苞内含 2~3 朵雌花，花萼、花瓣与雄花的相似，花柱 3，2 裂至基部。果为三棱状纺锤形，棱上有明显的肉刺和疣凸；种子多数，无毛。花果期 5~10 月。

【生境】生于湖泊、池塘、沟渠及水田中。

【分布】古蔺县、筠连县、乡城县、稻城县、布拖县。

花序

植株

花

生境

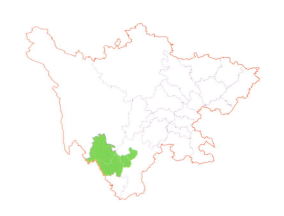

126. 波叶海菜花

Ottelia acuminata var. *crispa*
(Hand.-Mazz.) H. Li

国家保护	中国植物红皮书	极小种群	四川保护
			√

【识别特征】本变种与原变种的区别：其叶片更狭长，边缘波状反卷，长达90cm，宽在6cm以下，基部骤狭，截状圆形或浅心形，常下延成翅；成熟果为弯纺锤形而不为圆锥形。花果期5~10月。

【生境】生于湖泊中。

【分布】西昌市、喜德县、盐源县、木里藏族自治县。

【附注】本植物花随水波摆动，又名水性杨花。

花

生境

叶

植株

马尾树科 Rhoipteleaceae >>>

127. 马尾树

Rhoiptelea chiliantha Diels et Hand.-Mazz.

国家保护	中国植物红皮书	极小种群	四川保护
Ⅱ级	稀有		

【识别特征】落叶乔木。奇数羽状复叶，互生，常具 6~8 对小叶；叶柄基部膨大，叶轴上具窄槽，槽内密被毛；小叶互生，无柄，顶生叶为披针形，侧生叶为偏斜的长椭圆状披针形；托叶叶状。**复圆锥花序偏向一侧而俯垂，似马尾，常由 6~8 束腋生的圆锥花序组成**；花倒圆锥状球形，花被片倒卵状圆形，淡黄绿色，宿存于果实基部。小坚果倒梨形，有圆形翅；种子卵形。花期 10~12 月，果实次年 7~8 月成熟。

【生境】生于海拔 700~2500m 的山坡、山谷及溪边的林中。

【分布】盐边县。

花序

枝条

生境

植株

128. 筇竹

Chimonobambusa tumidissinoda
J. R. Xue et T. P. Yi ex Ohrnb.

国家保护	中国植物红皮书	极小种群	四川保护
	稀有		

【识别特征】丛生竹类；竿高 2.5~6m，通常有 5 节位于地表以下。节间圆筒形，长 15~25cm；**竿环隆起而呈一显著的圆脊，在圆脊处有容易横向脆断的浅沟状关节，断后极平整**；箨鞘黄绿色，厚纸质，纵脉间生有棕色疣基刺毛；小枝具 2~4 叶；叶片狭披针形，长 5~14cm，宽 6~12mm，两侧边缘粗糙，次脉 2~4 对，小横脉清晰。花枝可反复分枝；小穗含 3~8 朵小花；颖 2 (3) 片；花柱 1，柱头 2 裂，羽毛状。果实呈厚皮质的坚果状，顶端具宿存的花柱成喙状。笋期 4 月，花期 4 月，果期 5 月。

【生境】生于海拔 1500~2200m 的常绿阔叶林下。

【分布】叙永县、峨边彝族自治县、马边彝族自治县、长宁县、筠连县、珙县、兴文县、屏山县、汶川县、雷波县。

叶

竹竿

植株

禾本科 Poaceae >>>

129. 四川狼尾草

Pennisetum sichuanense
S. L. Chen et Y. X. Jin

国家保护	中国植物红皮书	极小种群	四川保护
II 级			

【识别特征】多年生草本。根茎短，秆直立，单生或丛生，高 40~60cm。叶鞘疏松包茎，短于节间，具纵棱；叶舌膜质，长约 1.5~2mm，先端呈纤毛；叶片细线形，长 3~12cm，两面常被脱落的疣基短小刺毛。**圆锥花序紧密，顶端呈一束刺毛，似狼尾**；刚毛稀少，微粗糙。小穗单生，第一颖卵形，近膜质；第二颖厚膜质，先端芒尖。**第一小花通常雄性**，第一外稃与小穗等长，厚膜质；**第二小花两性**，第二外稃纸质，先端具芒尖，第二内稃膜质。雄蕊 3，花药橙色；花柱基本联合。花果期 8~11 月。

【生境】多生于海拔 2000~3000m 的河岸及山坡上。

【分布】得荣县、木里藏族自治县。

花序

群落

生境

130. 无芒披碱草

Elymus sinosubmuticus S. L. Chen

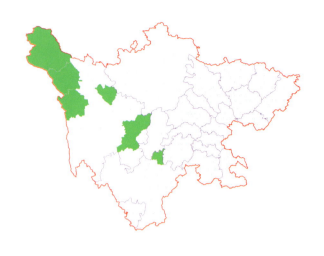

国家保护	中国植物红皮书	极小种群	四川保护
Ⅱ级			

【**识别特征**】多年生草本。根须状；秆丛生，较细弱，高 25~45cm，具 2 节。叶鞘短于节间，光滑；叶舌极短而近于无；分蘖的叶片内卷，茎生叶片扁平或内卷，长 3~6cm。**穗状花序较稀疏，通常弯曲**；每节通常具 2 枚小穗，穗长 9~13mm，含 2~4 小花；颖长圆形，先端不具小尖头；外稃披针形，具 5 脉，**中脉延伸成 1 短芒，其长不逾 2mm**。花果期 8 月。

【**生境**】生于海拔 3000m 以上的山坡上。

【**分布**】康定市、炉霍县、德格县、白玉县、石渠县、甘洛县。

小穗

花序

禾本科 Poaceae >>>

131. 短芒披碱草

Elymus breviaristatus Keng ex P.C.Keng

国家保护	中国植物红皮书	极小种群	四川保护
II 级			

小穗

【识别特征】秆疏丛生，具短而下伸的根茎，高约70cm。叶鞘光滑；叶片扁平，长 4~12cm。**穗状花序疏松，柔弱而下垂**，通常每节具 2 枚小穗；小穗含4~6 小花；颖先端可具长仅 1mm 的短尖头；**外稃先端仅具小尖头，芒长 2~5mm**；内稃与外稃等长，先端钝圆或微凹陷，脊上具纤毛。花果期 5~6 月。

【生境】生于海拔 2000~3500m 的山坡上。

【分布】阿坝县、红原县、壤塘县、松潘县、康定市、雅江县、道孚县、炉霍县、甘孜县、德格县、色达县、巴塘县、稻城县、甘洛县。

果序

植株

生境

132. 拟高粱

Sorghum propinquum (Kunth) Hitchc.

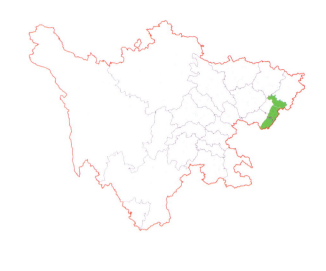

国家保护	中国植物红皮书	极小种群	四川保护
Ⅱ级			

【识别特征】多年生草本。根茎粗壮，须根坚韧。秆直立，高 1.5~3m，具多节，节上具灰白色短柔毛。叶片线形或线状披针形，长 40~90cm，宽 3~5cm。圆锥花序开展，长 30~50cm，宽 6~15cm；无柄小穗椭圆形或狭椭圆形，先端尖或具小尖头，顶端无齿或具不明显的 3 小齿；花柱 2，分离或仅基部连合，柱头帚状；有柄小穗雄性。颖果倒卵形，棕褐色。花果期夏秋季。

【生境】生于河岸旁或湿润之地，多为栽培。

【分布】达州市（达川区）、大竹县、邻水县。

果

植株

百合科 Liliaceae ⟩⟩⟩

133. 垂茎异黄精

Heteropolygonatum pendulum
(Z. G. Liu et X. H. Hu) M. N. Tamura et Ogisu

国家保护	中国植物红皮书	极小种群	四川保护
			√

【识别特征】附生草本。根状茎连珠状，具紫色斑点及密生肉质须根。茎单出于根状茎上，细瘦，悬垂，具紫色条纹，基部具膜质鞘。叶互生，厚纸质，镰状带形，长 20~40cm。花序具 3~6 朵花，近伞形或近总状；花梗近中部具关节；苞片早落；花乳白色，钟状，长 9~13 毫米，先端具乳头状突起。浆果成熟时红色，卵状或近球状，具多数种子；种子卵形，黄褐色，光滑。花期 5~6 月；果期 8~9 月。

【生境】附生于海拔 2000~2200m 处的林中树干上。

【分布】宝兴县、泸定县。

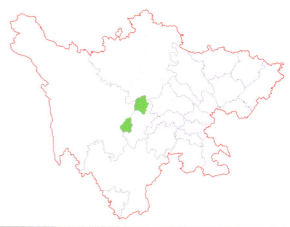

植株

群落

果

生境

134. 延龄草

Trillium tschonoskii Maxim.

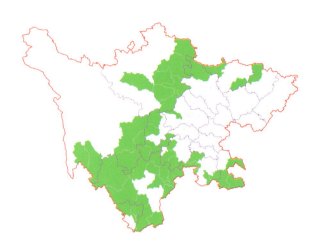

国家保护	中国植物红皮书	极小种群	四川保护
	渐危		

【识别特征】多年生草本。茎丛生于粗短的根状茎上。叶3枚，轮生于茎的顶端，菱状圆形或菱形，长6~15cm，近无柄。花单生于叶轮中央；花梗似为茎的延续；花被片6，排成2轮；外轮花被片卵状披针形，绿色；内轮花被片白色，少有淡紫色，卵状披针形；花药长3~4mm，短于花丝或与花丝近等长。浆果圆球形，黑紫色，有多数种子。花期4~6月，果期7~8月。

【生境】生于海拔1600~3200m的林下、山谷阴湿处、山坡或路旁岩石下。

【分布】崇州市、米易县、盐边县、合江县、叙永县、古蔺县、青川县、苍溪县、峨眉山市、峨边彝族自治县、马边彝族自治县、宜宾县、珙县、兴文县、屏山县、汉源县、石棉县、天全县、宝兴县、平武县、马尔康市、汶川县、理县、茂县、松潘县、九寨沟县、黑水县、康定市、泸定县、九龙县、乡城县、稻城县、德昌县、会理县、会东县、昭觉县、金阳县、雷波县、美姑县、甘洛县、越西县、冕宁县、盐源县、木里藏族自治县、南江县、洪雅县。

花（侧面）

花（正面）

植株

生境

芒苞草科 Acanthochlamydaceae >>>

135. 芒苞草

Acanthochlamys bracteata P. C. Kao

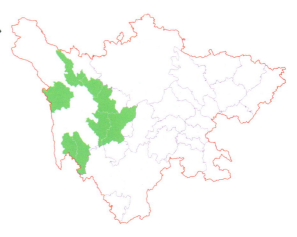
花

国家保护	中国植物红皮书	极小种群	四川保护
II 级			

【识别特征】多年生草本，丛生。植株周围残留有许多断裂的整齐叶基；根状茎坚硬，有褐色鳞片，多须根。叶针形，长 2.5~7cm，先端渐尖，黄褐色；具两条肋纹，有一条宽而深的纵沟；基部具膜质、半透明的鞘。聚伞花序缩短成头状，外形近扫帚状；花梗上有 5~8 朵花组成头状花序，每朵小花具 5~18 枚具芒的小苞片。花序基部宿存 2 枚苞片；花被紫红色，长3.5~6.5mm；花柱基部有时在花后增大而呈白色；花被 6，两轮，雄蕊 6，着生于花冠上；花药具两个花粉囊；心皮合生；胚珠多数。蒴果具三棱，顶端海绵质且呈白色；种子两端近浑圆或钝。花期 6 月，果期8 月。

【生境】生于海拔 2700~3500m 草地上或开旷灌丛中。

【分布】康定市、雅江县、道孚县、炉霍县、甘孜县、白玉县、乡城县、稻城县。

群落

植株

生境

136. 独花兰

Changnienia amoena S. S. Chien

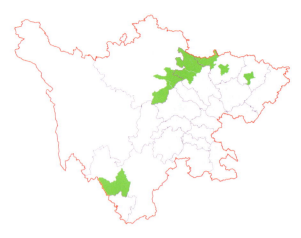
花（侧面）

国家保护	中国植物红皮书	极小种群	四川保护
	稀有		

【识别特征】地生兰。地下具假鳞茎，被膜质鞘。叶1枚，宽卵状椭圆形至宽椭圆形，长 6.5~11.5cm，背面紫红色。花葶长 10~17cm，紫色，具 2 枚下部抱茎的膜质鞘；花单朵，较大，白色而带肉红色或淡紫色晕，唇瓣有紫红色斑点；花瓣狭倒卵状披针形，略斜歪，具 7 脉；唇瓣略短于花瓣，3 裂，基部有距；侧裂片直立，中裂片平展，唇盘上在两枚侧裂片之间具 5 枚褶片状附属物；距角状，稍弯曲；蕊柱两侧有宽翅。花期 4 月。

【生境】生于海拔 400~1100(1800)m 的疏林下腐殖质丰富的土壤上或沿山谷荫蔽的地方。

【分布】平武县、北川羌族自治县、广元市（昭化区）、汶川县、茂县、盐源县、巴中市（巴州区）。

花

生境

植株

兰科 Orchidaceae >>>

137. 丽江杓兰

Cypripedium lichiangense S. C. Chen

国家保护	中国植物红皮书	极小种群	四川保护
		√	

【识别特征】地生兰。根状茎粗壮、较短；茎直立，长 3~7cm，顶端具 2 枚叶。叶近对生，铺地；叶片卵形、倒卵形至近圆形，长 8.5~19cm，**上面暗绿色并具紫黑色斑点**，有时还具紫色边缘。花序顶生，具 1 花；花甚美丽，较大；**萼片暗黄色而有浓密的红肝色斑点或完全红肝色，花瓣与唇瓣暗黄色而有略疏的红肝色斑点**；花瓣背面上侧有短柔毛，边缘有缘毛。花期 5~7 月。

【生境】生于海拔 2600~3500m 的灌丛中或开旷疏林中。

【分布】泸定县。

花

植株

生境

138. 斑叶杓兰

Cypripedium margaritaceum Franch.

国家保护	中国植物红皮书	极小种群	四川保护
		√	√

【识别特征】地生兰。地下具较粗壮而短的根状茎。茎直立，较短，为数枚叶鞘所包，顶端具 2 枚叶。叶近对生，铺地；叶片宽卵形至近圆形，长 10~15cm，上面暗绿色并有黑紫色斑点，基部斑点略稀疏。花序顶生，具 1 花；萼片绿黄色有栗色纵条纹，花瓣与唇瓣白色或淡黄色而有红色或栗红色斑点与条纹；中萼片宽卵形，通常长 3~4cm，背面脉上有短毛，边缘有乳突状缘毛；合萼片椭圆状卵形，略短于中萼片；花瓣向前弯曲并围抱唇瓣，先端急尖，背面脉上被短毛；退化雄蕊上面有乳头状突起。花期 5~7 月。

【生境】生于海拔 2500~3600m 的草坡上或疏林下。

【分布】丹巴县、会东县、盐源县、木里藏族自治县。

花（背面）

植株

花（正面）

生境

兰科 Orchidaceae >>>

139. 小花杓兰

Cypripedium micranthum Franch.

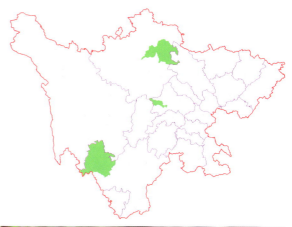

国家保护	中国植物红皮书	极小种群	四川保护
		√	

【识别特征】地生兰。植株矮小，高 8~10cm，具细长而横走的根状茎。茎直立或稍弯曲，顶端生 2 枚叶。叶近对生，平展或近铺地；叶片椭圆形或倒卵状椭圆形，长 7~9cm。花序顶生，直立，具 1 花；**花序柄长 2~5cm，密被红锈色长柔毛**，花后继续延长，到果期长可达 25 厘米；**花小，淡绿色，萼片与花瓣有黑紫色斑点与短条纹；花瓣卵状椭圆形，萼片背面密被长柔毛**。花期 5~6 月。

【生境】生于海拔 2000~2500m 的林下。

【分布】大邑县、松潘县、木里藏族自治县。

花（正面）

植株

花（侧面）

生境

兰科 Orchidaceae ▷▷▷

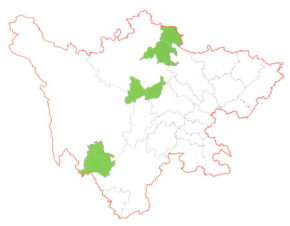

140. 巴郎山杓兰

Cypripedium palangshanense T. Tang et F. T. Wang

国家保护	中国植物红皮书	极小种群	四川保护
		√	√

【识别特征】地生兰。具细长而横走的根状茎。茎直立，无毛，顶端具 2 枚叶。叶对生或近对生，平展；叶片近圆形或近宽椭圆形，长 4~6cm，草质，两面无毛，具 5~9 条主脉。**花序顶生，近直立，具 1 花；花俯垂，血红色或淡紫红色；花瓣斜披针形，背面基部略被毛；**唇瓣囊状，具较宽阔的、近圆形的囊口。花期 6 月。

【生境】生于海拔 2200~2700m 的林下或灌丛中。

【分布】小金县、汶川县、松潘县、九寨沟县、木里藏族自治县。

花

生境

植株

兰科 Orchidaceae ⟫⟫⟫

141. 天麻

Gastrodia elata Bl.

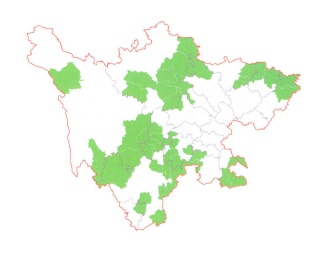

国家保护	中国植物红皮书	极小种群	四川保护
	渐危		

【识别特征】腐生兰。根状茎肥厚，块茎状具较密的节，节上被许多三角状宽卵形的鞘。茎直立，橙黄色、黄色、灰棕色或蓝绿色，**无绿叶**，下部被数枚膜质鞘。总状花序通常具 30~50 朵花；花扭转，橙黄、淡黄、蓝绿或黄白色，近直立；花被筒顶端具 5 枚裂片；唇瓣基部有一对肉质胼胝体，具乳突，边缘有不规则短流苏；有短的蕊柱足。蒴果倒卵状椭圆形。花果期 5~7 月。

【生境】生于海拔 400~3200m 的疏林下，林中空地、林缘，灌丛边缘。

【分布】都江堰市、平武县、米易县、合江县、叙永县、古蔺县、什邡市、旺苍县、苍溪县、犍为县、峨眉山市、峨边彝族自治县、马边彝族自治县、宜宾县、屏山县、宣汉县、万源市、荥经县、汉源县、石棉县、天全县、马尔康市、金川县、汶川县、理县、茂县、松潘县、九寨沟县、黑水县、康定市、泸定县、九龙县、德格县、稻城县、德昌县、会东县、布拖县、金阳县、雷波县、美姑县、越西县、木里藏族自治县、通江县、南江县、洪雅县。

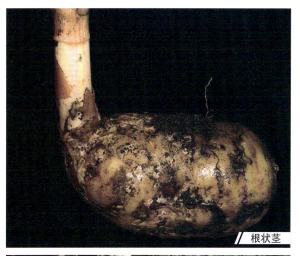

根状茎

生境

植株

花序

142. 峨眉槽舌兰

Holcoglossum omeiense
Z. H. Tsi ex X. H. Jin et S. C. Chen

国家保护	中国植物红皮书	极小种群	四川保护
		√	

【识别特征】附生兰。叶多数，圆柱状，长6~20cm，纤细，肉质，具沟，先端锐尖。**花序有花1~10朵，花序轴弯曲；花白色，脉通常呈红色或粉红色，完全开放；**花瓣长圆形，基部收缩，先端钝；下唇3浅裂；侧裂片直立，中裂片长圆形舌状，平展，基部常有附属物；距圆锥形圆筒状，通常硬，先端渐尖；柱蕊柱5~6mm，蕊柱足长约2mm。花期9~10月。

【生境】附生于700~1000m的开阔森林的树干上。

【分布】峨眉山市。

花

花序

生境

植株

主要参考文献

白小节, 张华雨, 王鑫, 等, 2017. 濒危植物小黄花茶群落区系特征研究 [J]. 广东农业科学, 44(1): 94–99.

柏国清, 2010. 金钱槭属植物谱系地理学研究 [D]. 西安: 西北大学.

陈芳清, 谢宗强, 熊高明, 等, 2005. 三峡濒危植物疏花水柏枝的回归引种和种群重建 [J]. 生态学报, 25(7): 1811–1817.

陈锋, 王馨, 2016. 四川山茶科植物新记录种——小黄花茶 [J]. 福建林业科技, 43(4): 167–168.

陈惠群, 1987. 四川松茸资源的分布、利用与保护 [J]. 资源开发与市场, (4): 60–61.

陈艳, 苏智先, 2011. 中国珍稀濒危孑遗植物珙桐种群的保护 [J]. 生态学报, 31(19): 5466–5474.

成仿云, 李嘉珏, 陈德忠, 1997. 中国野生牡丹自然繁殖特性研究 [J]. 园艺学报, (2): 180–184.

程守刚, 魏建国, 2015. 极小种群西昌黄杉调查保护情况初报 [J]. 四川林勘设计, (1): 73–74.

狄维忠, 郑宏春, 1989. 国家重点保护植物——白辛树 [J]. 西北大学学报: 自然科学版, (3): 29–32.

丁鑫, 肖建华, 黄建峰, 等, 2015. 珍贵木材树种桢楠的野生资源调查 [J]. 植物分类与资源学报, 37(5): 629–639.

费永俊, 雷泽湘, 1997. 中国红豆杉属植物的濒危原因及可持续利用对策 [J]. 资源科学, (5): 59–63.

傅立国, 1991. 中国植物红皮书 [M]. 北京: 科学出版社.

傅志军, 1993. 山白树的地理分布及其生态习性的研究 [J]. 宝鸡文理学院学报 (社会科学版), (1): 86–89.

高宝莼, 陈家齐, 1992. 四川省重点保护珍贵树木图志 [M]. 成都: 四川民族出版社.

高宝莼, 2000. 芒苞草科的发现与建立 [C]// 全国系统与进化植物学青年学术研讨会.

顾云春, 2003. 中国国家重点保护野生植物现状 [J]. 中南林业调查规划, 22(4): 1–7.

郭琳萍, 2002. 四川省珍稀濒危植物信息系统的建立 [D]. 重庆: 西南师范大学.

国家标本平台（National Specimen Information Infrastructure）[DB/OL]. http://www.nsii.org.cn/2017/home.php.

国家林业局, 国家发展改革委, 2012. 全国极小种群野生植物拯救保护工程规划（2011–2015 年）[Z].

国家林业局野生动植物保护与自然保护区管理司, 2013. 中国珍稀濒危植物图鉴 [M]. 北京: 中国林业出版社.

郝日明, 贺善安, 汤诗杰, 等, 1995. 鹅掌楸在中国的自然分布及其特点 [J]. 植物资源与环境学报, (zw): 1–6.

郝云庆, 王金锡, 莫旭, 等, 2010. 攀枝花苏铁群落的种子植物区系地理研究 [C]// 全国生物多样性保护与持续利用研讨会 .

何新宇，2013. 羽叶点地梅的谱系地理学研究 [D]. 兰州 : 兰州大学 .

何永华，李朝銮，1999. 攀枝花苏铁种群生态地理分布 , 分布格局及采挖历史的研究 [J]. 植物生态学报 , 23(1): 23–30.

贺金生 , 林洁，1995. 我国珍稀特有植物珙桐的现状及其保护 [J]. 生物多样性 , 3(4): 213–221.

胡仁勇 , 丁炳扬 , 黄涛 , 等 , 2001. 国产菱属植物数量分类学研究 [J]. 浙江大学学报 (农业与生命科学版), 27(4): 419–423.

黄红兰 , 梁跃龙 , 张露 , 2010. 毛红椿资源保护和培育的研究现状与对策 [J]. 林业工程学报 , 24(1): 10–14.

江宁拱 , 1984. 三种苹果属植物在四川省的新分布 [J]. 西南大学学报 (自然科学版), (4): 107.

康诗瑶 , 2016. 峨眉山市珍稀濒危植物优先保护研究 [D]. 成都 : 成都理工大学 .

匡可任 , 1960. 中国植物的一个单型科——马尾树科的观察 [J]. 植物生态学报 (英文版), (1):43–47.

蓝勇 , 1985. 四川荔枝种植公布的历史考证 [J]. 西南师范大学学报 (自然科学版), (4): 90–103.

雷妮娅 , 陈勇 , 李俊清 , 等 , 2007. 四川小凉山珙桐更新及种群稳定性研究 [J]. 北京林业大学学报 , 29(1): 26–30.

李发根 , 夏念和 , 2004. 水松地理分布及其濒危原因 [J]. 热带亚热带植物学报 , 12(1): 13–20.

李怀春 , 2015. 濒危植物水青树种群生态学研究 [D]. 南充 : 西华师范大学 .

李景侠 , 张文辉 , 李红 , 2001. 独叶草地理分布及生态学特性的研究 [J]. 西北林学院学报 , 16(2): 1–4.

李文虎 , 秦松云 , 1991. 四川大型真菌资源调查研究 [J]. 菌物学报 , (3): 208–216.

李娅琼 , 吴凯 , 2013. 濒危药用植物短柄乌头空间分布格局的研究 [J]. 时珍国医国药 , 24(9): 2265–2267.

李以镔 , 1987. 中国珍稀濒危保护植物紫茎的研究 [J]. 南昌师范学院学报 , (2): 74–76.

刘彬 , 王金锡 , 罗承德 , 等 , 2011. 珍稀植物距瓣尾囊草 (Uroplysa rockii) 生境特征 [J]. 四川农业大学学报 , 29(4): 488–494.

刘琪、李小林 , 2017 . 雅安红豆树极小种群保护管理对策的探讨 [J]. (3): 349–350.

刘清炳 , 刘邦友 , 梁盛 , 2005. 小黄花茶濒危原因及对策探讨 [J]. 环保科技 , 11(3): 18–20.

刘玉珊 , 高兰阳 , 王辉 , 等 , 2012. 红花绿绒蒿的研究现状 [J]. 现代园艺 , (6): 14–15.

刘忠 , 廖明安 , 任雅君 , 等 , 2011. 岷江下游四川地区荔枝资源调查 [J]. 果树学报 , 28(5): 903–908.

鲁松 , 谢孔平 , 李策宏 , 2013. 峨眉山区野生濒危药用植物资源评价体系的初步研究 [J]. 广西植物 , 33(2): 229–235.

吕佳佳 , 2009. 气候变化对我国主要珍稀濒危物种分布影响及其适应对策研究 [D]. 北京：中国环境科学研究院 .

马晨晨 , 肖之强 , 代俊 , 等 , 2017. 濒危植物平当树的种群现状及其保护 [J]. 西部林业科学 , 46(2): 101–106.

潘红丽, 冯秋红, 隆廷伦, 等, 2014. 四川省极小种群野生植物资源现状及其保护研究 [J]. 四川林业科技, 35(6): 41–46.

乔琦, 邢福武, 陈红锋, 等, 2011. 中国特有珍稀植物伯乐树的研究进展和科研方向 [J]. 中国野生植物资源, 30(3): 4–8.

秦斌, 赵波, 谢运, 等, 2002. 康定木兰的繁殖及开发利用 [J]. 林业实用技术, (10): 27.

秦纪洪, 蒋舜媛, 冯成强, 等, 2011. 峨眉黄连野生资源现状及其保护途径研究 [J]. 成都大学学报 (自然科学版), 30(4): 298–301.

沈泽昊, 林洁, 金义兴, 等, 1998. 四川都江堰龙池地区珙桐群落生态初步研究 [J]. 植物科学学报, 16(1): 54–64.

四川省林业厅 . 四川省古蔺县新发现一种国家二级保护植物——半枫荷 [DB/OL]. http: //www. forestry. gov. cn/portal/main/s/102/content–609665. html. 2016–06–19.

四川省人民政府 . 四川省人民政府关于公布四川省重点保护野生植物名录的通知 [EB/OL]. http: //www. sc. gov. cn/10462/10464/10684/13601/2016/2/6/10370177. shtml. 2016–02–06.

四川植物志编撰委员会, 1981. 四川植物志 [M]. 成都 : 四川人民出版社 .

宋会兴, 周莉, 苏智先, 2002. 四川省国家重点保护野生植物资源与保护 [J]. 资源科学, 24(3): 54–58.

孙荣刚, 2008. 宜昌胭脂坝发现最大野生疏花水柏枝居群 [J]. 中国花卉盆景, (12): 11.

孙治宇, 李明富, 李八斤, 等, 2010. 四川雅江县珍稀濒危植物五小叶槭 [J]. 四川林业科技, 31(6): 86–87.

谭伟, 郑林用, 彭卫红, 等, 2000. 四川松茸资源分布及开发利用 [J]. 西南农业学报, 13(1): 118–121.

唐宇, 刘建林 . 2002. 攀西珍稀濒危植物栌菊木的现状及保护措施 [J]. 西昌农业高等专科学校学报, (3): 1–2.

陶金川, 宗世贤, 杨志斌, 1990. 银鹊树的地理分布与引种 [J]. 南京林业大学学报 (自然科学版), 14(2): 34–40.

万开元, 江明喜, 2015. 沧海桑田话遗珠——疏花水柏枝 [J]. 生命世界, (3): 46–49.

王成栋 . 彭州发现 "植物中大熊猫" 距瓣尾囊草 [N]. 四川日报, 2015–09–08.

王大绍, 1999. 栌菊木——攀枝花市的珍稀菊科植物 [J]. 攀枝花科技与信息, (2): 48.

王大绍, 2001. 攀枝花发现云南梧桐天然林 [J]. 植物杂志, (3): 4–5.

王大绍, 2002. 中国云南梧桐分布现状和保护 [C]// 全国生物多样性保护与持续利用研讨会 .

王德银, 刘和林, 1980. 杉木属的新种——德昌杉木 [J]. 林业实用技术, (2): 4–7.

王二强, 王建章, 韩鲲, 等, 2009. 中国野生牡丹种质资源分布、保护现状及合理利用措施探讨 [J]. 北方农业学报, (5): 25–27.

王金锡, 何兴金, 2011. 四川江油距瓣尾囊草初步研究 (一) 距瓣尾囊草的文献考证与生物学特性 [J]. 四川林业科技, 32(3): 69–73.

王乾, 朱单, 吴宁, 等, 2009. 四川道孚县芒苞草生境的植物群落结构和土壤元素含量 [J]. 应用与环境生物学报, 15(1): 1–7.

王天志, 张浩, 方忻平, 等, 1989. 国产黄连属新植物 [J]. 四川大学学报 (医学版), (2): 150–152.

王锡成, 彭培好, 陈文德, 等, 2005. 四川省国家重点保护野生植物资源现状与保护对策 [J]. 安徽农业科学, 33(9): 1619–1622.

王祥福, 2008. 崖柏群落生态学 [D]. 北京 : 中国林业科学研究院 .

王毅, 2008. 川西高原松茸生态及遗传多样性研究 [D]. 成都 : 四川农业大学 .

王勇, 刘义飞, 刘松柏, 等, 2006. 中国水柏枝属植物的地理分布、濒危状况及其保育策略 [J]. 植物科学学报, 24(5): 455–463.

王泽欢, 刘恩德, 向春雷, 等, 2011. 中国特有种丁茜形态描述的修订及新分布区的报道 [J]. 广西植物, 31(5): 569–571.

邬家林, 吴光弟, 1989. 峨眉拟单性木兰的新发现 [J]. 植物杂志, (2): 4.

吴安湘, 金晓玲, 李冰华, 等, 2007. 珍稀濒危植物珙桐的致濒原因探讨 [C]// 第三届全国植物组培、脱毒快繁及工厂化生产种苗技术学术研讨会 .

吴晓娜, 2010. 卧龙自然保护区种子植物区系地理研究 [D]. 成都 : 成都理工大学 .

鲜明耀, 1989. 四川松茸分布及其生态环境 [J]. 食用菌, (5): 9–10.

杨彪, 缪宁, 马祥光, 等, 2012. 附生植物垂茎异黄精的生物生态学特性 [J]. 四川大学学报 (自然科学版), 49(5): 1164–1168.

杨启修, 1994. 栌菊木 [J]. 植物杂志, (4): 25.

杨启修, 1995. 西康玉兰 [J]. 植物杂志, (2): 10–11.

杨钦周, 1997. 四川树木分布 [M]. 贵阳 : 贵州科技出版社 .

杨勇, 张姗姗, 刘佳坤, 等, 2015. 西南野生牡丹的资源调查、濒危机制及利用分析 [C]// 中国观赏园艺研究进展 .

佚名, 1978. 剑阁柏木——一种未经记载的植物 [J]. 四川林业科技, (4).

佚名, 1999. 国家重点保护野生植物名录 (第一批)[J]. 植物杂志, (5): 5–12.

易同培, 杨林, 隆廷伦, 2006. 榧属 (红豆杉科) 一新种——四川榧 [J]. 植物研究, 26(5): 513–515.

易同培, 1989. 川西南竹类二新种 [J]. 植物分类与资源学报, (1): 35–38.

曾洪, 陈小红, 2017. 极小种群野生植物圆叶玉兰的生态位研究 [J]. 四川农业大学学报, 35(2): 220–226.

占玉燕, 刘艳红, 熊文娟, 2010 . 珙桐濒危原因研究现状及展望 [J]. 湖北林业科技, (1): 41–43.

张斌, 牟清彬, 2014. 九龙五小叶槭现状及抢救性保护对策 [J]. 四川林勘设计, (3): 51–53.

张长芹, 1998. 大树杜鹃 *Rhododendron protistum* var. *giganteum* 和蓝果杜鹃 *Rhododendron cyanocarpum* 的濒危原因研究 [J]. 自然资源学报, 13(3): 276–278.

张德辉，2001. 喜树资源生态学的研究 [D]. 哈尔滨 : 东北林业大学 .

张虹，1991. 四川省八角莲属药用植物资源 [J]. 中药材 , (7): 18–19.

张践，李劲涛，李先进，等， 2008. 中国特有八角莲属植物种质资源研究 [J]. 绵阳师范学院学报 , 27(11): 78–80.

张金伟，罗长安，2007. 四川犍为县桫椤资源现状调查初报 [J]. 四川农业大学学报 , 25(1): 109–112.

张桥英，何兴金，2002. 四川省珍稀濒危植物及其保护 [J]. 植物科学学报 , 20(5): 387–394.

张永华，2016. 中国特有第三纪孑遗植物香果树 (*Emmenopterys henryi*) 的亲缘地理学和景观遗传学研究 [D]. 杭州 : 浙江大学 .

赵纪峰，刘翔，王昌华，等，2011. 珍稀濒危药用植物桃儿七的资源调查 [J]. 中国中药杂志 , 36(10): 1255–1260.

赵能，1985. 四川红豆属一新种 [J]. 植物研究 , 5(1): 173–175.

中国科学院《中国植物志》编辑委员会，1985. 中国植物志 [M]. 北京 : 科学出版社 .

中国数字植物标本馆（Chinese Virtual Herbarium（CVH ）） [DB/OL]. http: //www. cvh. ac. cn/.

中国珍稀濒危植物信息系统(Information System of Chinese Rare and Endangered Plants（ISCREP ）)[DB/OL]. http: //rep. iplant. cn/.

中国植物图像库 [Plant Photo Bank of China（PPBC ）][DB/OL]. http: //www. plantphoto. cn/.

《中国高等植物彩色图鉴》编委会，2016. 中国高等植物彩色图鉴 [M]. 北京 : 科学出版社 .

《中国植物志》英文修订版（Flora of China） [DB/OL]. http: //foc. eflora. cn/.

钟世理，1987. 四川狗尾草属与狼尾草属的研究 [J]. 西南大学学报 (自然科学版), (4): 52–56.

周先容，张薇，何兴金，等，2012. 巴山榧树（*Torreya fargesii*） 资源及其保护 [J]. 东北林业大学学报 , 40(2): 42–46.

周先容，1996. 四川珍稀濒危植物优先保护序列的研究 [J]. 重庆师范大学学报 (自然科学版), (4): 59–66.

周云娟,2011. 四川荣县金花乡桫椤自然保护区桫椤 (*Alsophila spinulosa*) 种群结构与动态分析[D]. 成都 : 四川农业大学 .

庄平 , 刘仁英 , 梁开和 , 等 , 1993. 峨眉拟单性木兰群落特征的初步研究 [J]. 广西植物 , (1): 61–69.

庄平 , 吴荭 , 李泽宏 , 等 , 2007. 峨眉山野生黄连资源研究与评价 [J]. 资源开发与市场 , 23(7): 620–622.

庄平 , 1998. 峨眉山特有种子植物的初步研究 [J]. 生物多样性 , 6(3): 213–219.

自然标本馆（CFH） [DB/OL]. http: //www. cfh. ac. cn/default. html.

Song H X, Zhou L, Su Z X, et al，2002. National conservative wild plants in sichuan province and conservative measures [J]. Resources Science, 24(3): 54–58.

Yue X K, Yue J P, Yang L E, et al，2011. Systematics of the genus Salweenia (Leguminosae) from Southwest China with discovery of a second species[J]. Taxon, 60(5): 1366–1374.

附录
Appendix

附录一 《四川省国家野生保护与珍稀濒危植物名录》查询表
（以中文拼音为序）

编号	中文名	拉丁名	科名	国家保护	红皮书	极小种群	四川保护
B							
1	八角莲	*Dysosma versipellis* (Hance) M. Cheng ex T. S. Ying	小檗科		渐危		
2	巴东木莲	*Manglietia patungensis* Hu	木兰科		濒危		
3	巴郎山杓兰	*Cypripedium palangshanense* T. Tang et F. T. Wang	兰科			√	√
4	巴山榧树	*Torreya fargesii* Franchet	红豆杉科	II级			
5	白皮云杉	*Picea asperata* var. *aurantiaca*(Masters) Boom	松科		濒危		
6	白辛树	*Pterostyrax psilophylla* Diels ex Perk.	安息香科		渐危		
7	斑叶杓兰	*Cypripedium margaritaceum* Franch.	兰科			√	√
8	半枫荷	*Semiliquidambar cathayensis* Chang	金缕梅科	II级	稀有		
9	篦子三尖杉	*Cephalotaxus oliveri* Mast	三尖杉科	II级	渐危		
10	冰沼草	*Scheuchzeria palustris* Linn.	冰沼草科	II级			
11	波叶海菜花	*Ottelia acuminata* var. *crispa* (Hand.-Mazz.) H. Li	水鳖科				√
12	伯乐树	*Bretschneidera sinensis* Hemsl.	伯乐树科	I级	稀有		
C							
13	长苞冷杉	*Abies georgei* Orr	松科		渐危		
14	虫草（冬虫夏草）	*Ophiocordyceps sinensis* (Berk.) G.H. Sung, J.M. Sung, Hywel-Jones & Spatafora	蛇孢虫草科	II级			
15	川黄檗	*Phellodendron chinense* Schneid.	芸香科	II级			
16	垂茎异黄精	*Heteropolygonatum pendulum* (Z. G. Liu et X. H. Hu) M. N. Tamura et Ogisu	百合科				√
17	莼菜	*Brasenia schreberi* J. F. Gmel.	莼菜科	I级			
18	粗齿桫椤	*Alsophila denticulata* Baker	桫椤科	II级			
D							
19	大果青扦	*Picea neoveitchii* Mast.	松科	II级	濒危		
20	大王杜鹃	*Rhododendron rex* Lév.	杜鹃花科		渐危		
21	大叶榉树	*Zelkova schneideriana* Hand.-Mazz.	榆科	II级			
22	大叶柳	*Salix magnifica* Hemsl.	杨柳科		渐危		
23	德昌杉木	*Cunninghamia unicandiculata* D.Y.Wang et H.L.Liu	杉科		濒危		
24	丁茜	*Trailliaedoxa gracilis* W. W. Smith et Forrest	茜草科	II级			
25	独花兰	*Changnienia amoena* S. S. Chien	兰科		稀有		

编号	中文名	拉丁名	科名	国家保护	红皮书	极小种群	四川保护
26	独叶草	*Kingdonia uniflora* Balf.f. et W. W. Sm.	毛茛科	I 级	稀有		
27	杜仲	*Eucommia ulmoides* Oliver	杜仲科		稀有		
28	短柄乌头	*Aconitum brachypodum* Diels	毛茛科		渐危		
29	短芒披碱草	*Elymus breviaristatus* Keng ex P.C.Keng	禾本科	II 级			
E							
30	峨眉槽舌兰	*Holcoglossum omeiense* Z. H. Tsi ex X. H. Jin et S. C. Chen	兰科			√	
31	峨眉含笑	*Michelia wilsonii* Finet et Gagnepain.	木兰科	II 级	濒危	√	
32	峨眉黄连	*Coptis omeiensis* (Chen) C. Y. Cheng	毛茛科		濒危		
33	峨眉拟单性木兰	*Parakmeria omeiensis* Cheng	木兰科	I 级	濒危	√	
34	峨眉山莓草	*Sibbaldia omeiensis* Yü et Li	蔷薇科		濒危		
35	鹅掌楸	*Liriodendron chinense* (Hemsl.) Sarg.	木兰科	II 级	稀有		
F							
36	福建柏	*Fokienia hodginsii* (Dunn) Henry et Thomas	柏科	II 级	渐危		
G							
37	高寒水韭	*Isoëtes hypsophila* Handel-Mazzetti	水韭科	I 级			
38	珙桐	*Davidia involucrata* Baill.	蓝果树科	I 级	稀有		
39	古蔺黄连	*Coptis gulinensis* T.Z.Wang	毛茛科				√
40	光叶珙桐	*Davidia involucrata* var. *vilmoriniana*(Dode)Wanger	蓝果树科	I 级	稀有		
41	光叶蕨	*Cystoathyrium chinense* Ching	冷蕨科	I 级	濒危	√	
H							
42	海菜花	*Ottelia acuminata* (Gagnep.) Dandy	水鳖科		渐危		
43	红椿	*Toona ciliata* Roem.	楝科	II 级	渐危		
44	红豆杉	*Taxus wallichiana* var. *chinensis* (Pilg.) Florin	红豆杉科	I 级			
45	红豆树	*Ormosia hosiei* Hemsl.et Wils.	豆科	II 级	渐危		
46	红花绿绒蒿	*Meconopsis punicea* Maxim.	罂粟科	II 级			
47	红花木莲	*Manglietia insignis* (Wall.) Bl.	木兰科		渐危		
48	厚朴	*Houpoëa officinalis* (Rehder et E. H. Wilson) N. H. Xia et C. Y. Wu	木兰科	II 级	渐危		
49	胡黄连	*Neopicrorhiza scrophulariiflora* (Pennell) D. Y. Hong	玄参科	II 级	濒危		
50	胡桃	*Juglans regia* L.	胡桃科		渐危		
51	胡桃楸	*Juglans mandshurica* Maxim	胡桃科		渐危		

编号	中文名	拉丁名	科名	国家保护	红皮书	极小种群	四川保护
52	花榈木	*Ormosia henryi* Prain	豆科	II级			
53	华榛	*Corylus chinensis* Franch	桦木科		渐危		
54	黄连	*Coptis chinensis* Franch.	毛茛科		渐危		
55	黄牡丹	*Paeonia delavayi* var. *lutea* (Delavay ex Franch.) Finet et Gagn.	芍药科		渐危		
56	黄杉	*Pseudotsuga sinensis* Dode	松科	II级	渐危		
		J					
57	假乳黄叶杜鹃	*Rhododendron rex* subsp. *fictolacteum* (Balf.f.) chamb. ex cullen et chamb.	杜鹃花科		渐危		
58	剑阁柏木	*Cupressus chengiana* var. *jiangeensis* (N. Zhao) Silba	柏科				√
59	金毛狗蕨	*Cibotium barometz* (Linnaeus) J. Smith	金毛狗蕨科	II级			
60	金钱槭	*Dipteronia sinensis* Oliv.	槭树科		稀有		
61	金荞	*Fagopyrum dibotrys* (D. Don) H.Hara	蓼科	II级			
62	金铁锁	*Psammosilene tunicoides* W. C. Wu et C. Y. Wu	石竹科	II级	稀有		
63	距瓣尾囊草	*Urophysa rockii* Uibr.	毛茛科				√
		K					
64	康定木兰	*Yulania dawsoniana* (Rehder et E. H. Wilson) D. L. Fu	木兰科				√
65	康定云杉	*Picea likiangensis* var. *montigena* (Mast.) Cheng ex Chen	松科		濒危		√
		L					
66	蓝果杜鹃	*Rhododendron cyanocarpum* (Franch.) W. W. Smith	杜鹃花科		渐危		
67	澜沧黄杉	*Pseudotsuga forrestii* Craib	松科	II级	渐危		
68	丽江杓兰	*Cypripedium lichiangense* S. C. Chen	兰科			√	
69	丽江铁杉	*Tsuga chinensis* var. *forrestii* (Downie) Silba	松科		渐危		
70	连香树	*Cercidiphyllum japonicum* Sieb. et Zucc.	连香树科	II级	稀有		
71	领春木	*Euptelea pleiosperma* Hook. f. et Thoms.	领春木科		稀有		
72	栌菊木	*Nouelia insignis* Franch.	菊科		稀有		
		M					
73	马尾树	*Rhoiptelea chiliantha* Diels et Hand.-Mazz.	马尾树科	II级	稀有		
74	麦吊云杉	*Picea brachytyla* (Franchet) E. Pritzel	松科		渐危		
75	芒苞草	*Acanthochlamys bracteata* P. C. Kao	芒苞草科	II级			
76	毛红椿	*Toona ciliata* var. *pubescens* (Franch) Hand	楝科	II级			
77	岷江柏木	*Cupressus chengiana* S.Y.Hu	柏科	II级	渐危		
78	木瓜红	*Rehderodendron macrocarpum* Hu	安息香科		渐危		

编号	中文名	拉丁名	科名	国家保护	红皮书	极小种群	四川保护
N							
79	南方红豆杉	*Taxus wallichiana* var. *mairei* (Lemée et H. Lév.) L. K. Fu et Nan Li	红豆杉科	I级			
80	拟高粱	*Sorghum propinquum* (Kunth) Hitchc.	禾本科	II级			
P							
81	攀枝花苏铁	*Cycas panzhihuaensis* L. Zhou et S. Y. Yang	苏铁科	I级	濒危		
82	平当树	*Paradombeya sinensis* Dunn	梧桐科	II级			
83	平武水青冈	*Fagus chienii* Cheng	壳斗科				√
Q							
84	秦岭冷杉	*Abies chensiensis* Tiegh.	松科	II级	渐危		
85	青檀	*Pteroceltis tatarinowii* Maxim.	榆科		稀有		
86	筇竹	*Qiongzhuea tumidinoda* hsueh et Yi	禾本科		稀有		
R							
87	润楠	*Machilus nanmu* (Oliv.) Hemsl.	樟科	II级	渐危		
S							
88	山白树	*Sinowilsonia henryi* Hemsl.	金缕梅科		稀有		
89	山豆根	*Euchresta japonica* Regel	豆科	II级	濒危		
90	山莨菪	*Anisodus tanguticus* (Maxim.) Pascher	茄科	II级			
91	扇蕨	*Neocheiropteris palmatopedata* (Baker) Christ	水龙骨科	II级	渐危		
92	疏花水柏枝	*Myricaria laxiflora* (Franch.) P. Y. Zhang et Y. J. Zhang	柽柳科				√
93	水蕨	*Ceratopteris thalictroides* (L.) Brongn.	凤尾蕨科	II级			
94	水青树	*Tetracentron sinense* Oliv.	水青树	II级	稀有		
95	水松	*Glyptostrobus pensilis* (Staunton ex D.Don) K.Koch	杉科	I级	稀有	√	
96	四川榧	*Torreya parvifolia* T.P. Yi, L. Yang et T.L. Long	红豆杉科	II级			
97	四川红杉	*Larix mastersiana* Rehder et E. H. Wilson	松科	II级	濒危		
98	四川狼尾草	*Pennisetum sichuanense* S. L. Chen et Y. X. Jin	禾本科	II级			
99	四川牡丹	*Paeonia decomposita* Hand.-Mazz.	芍药科		濒危		√
100	四川苏铁	*Cycas szechuanensis* Cheng et L. K. Fu	苏铁科	I级		√	
101	（松口蘑）松茸	*Tricholoma matsutake* (S. Ito & S. Imai) Singer	口蘑科	II级			
102	穗花杉	*Amentotaxus argotaenia* (Hance) Pilger	红豆杉科		渐危		
103	桫椤	*Alsophila spinulosa* (Wallich ex Hooker) R. M. Tryon	桫椤科	II级	渐危		
T							

编号	中文名	拉丁名	科名	国家保护	红皮书	极小种群	四川保护
104	台湾水青冈	*Fagus hayatae* Palib. ex Hayata	壳斗科	II级	渐危		
105	桃儿七	*Sinopodophyllum hexandrum* (Royle) Ying	小檗科		稀有		
106	天麻	*Gastrodia elata* Bl.	兰科		渐危		
W							
107	无芒披碱草	*Elymus sinosubmuticus* S. L. Chen	禾本科	II级			
108	乌苏里狐尾藻	*Myriophyllum ussuriense* (Regel) Maxim.	小二仙草科	II级			
109	五小叶槭	*Acer pentaphyllum* Diels	槭树科				√
X							
110	西昌黄杉	*Pseudotsuga xichangensis* C. T. Kuan et L. J. Zhou	松科	II级		√	√
111	西康玉兰	*Oyama wilsonii* (Finet et Gagnepain) N. H. Xia et C. Y. Wu	木兰科	II级	渐危		
112	锡金海棠	*Malus sikkimensis* (Wenz.) Koehne	蔷薇科		稀有		
113	喜树	*Camptotheca acuminata* Decne.	蓝果树科	II级		√	
114	细果野菱	*Trapa incisa* Sieb. et Zucc.	菱科	II级			
115	狭叶瓶尔小草	*Ophioglossum thermale* Kom.	瓶尔小草科		渐危		
116	香果树	*Emmenopterys henryi* Oliv.	茜草科	II级	稀有		
117	小黑桫椤	*Alsophila metteniana* Hance	桫椤科	II级			
118	小花杓兰	*Cypripedium micranthum* Franch.	兰科			√	
119	小黄花茶	*Camellia luteoflora* Li ex H. T. Chang	山茶科				√
120	星叶草	*Circaeaster agresis* Maxim.	毛茛科		稀有		
121	喜马拉雅红豆杉	*Taxus wallichiana* Zucc.	红豆杉科	I级	濒危		
Y							
122	崖柏	*Thuja sutchuenensis* Franch	柏科		濒危	√	√
123	雅安红豆	*Ormosia yaanensis* N. Chao	豆科				√
124	雅砻江冬麻豆	*Salweenia bouffordiana* H. Sun, Z. M. Li et J. P. Yue	豆科				√
125	延龄草	*Trillium tschonoskii* Maxim.	百合科		渐危		
126	野大豆	*Glycine soja* Sieb. et zucc	豆科	II级	渐危		
127	野生荔枝	*Litchi chinensis* Sonn.	无患子科		渐危		
128	银叶桂	*Cinnamomum mairei* Lévl.	樟科		濒危		
129	瘿椒树	*Tapiscia sinensis* Oliv.	瘿椒树科		稀有		

编号	中文名	拉丁名	科名	国家保护	红皮书	极小种群	四川保护
130	油麦吊云杉	*Picea brachytyla* var. *complanata* (Masters) W. C. Cheng ex Rehder	松科	Ⅱ级			
131	油樟	*Cinnamomum longipaniculatum* (Gamble) N.Chao ex H. W. Li	樟科	Ⅱ级			
132	羽叶点地梅	*Pomatosace filicula* Maxim.	报春花科	Ⅱ级			
133	羽叶丁香	*Syringa pinnatifolia* Hemsl.	木犀科		濒危		
134	玉龙蕨	*Sordepidium glaciale* Christ	鳞毛蕨科	Ⅰ级	稀有		
135	圆叶玉兰	*Oyama sinensis* (Rehder et E. H. Wilson) N. H. Xia et C. Y. Wu	木兰科	Ⅱ级	渐危		
136	云南红豆杉	*Taxus yunnanensis* Cheng et L.K.Fu	红豆杉科	Ⅰ级			
137	云南梧桐	*Firmiana major* (W. W. Smith) Hand.-Mazz.	梧桐科		稀有		
		Z					
138	樟	*Cinnamomum camphora* (L.) J. Presl	樟科	Ⅱ级			
139	中国蕨	*Aleuritopteris grevilloeoides*(Christ)G.M.Zhang ex X.C.Zhang	凤尾蕨科	Ⅱ级	稀有		
140	桢楠	*Phoebe zhennan* S. Lee et F. N. Wei	樟科	Ⅱ级	渐危		
141	梓叶槭	*Acer catalpifolium* Rehder subsp. *Catalpifolium* (Rehder) Y. S. Chen	槭树科	Ⅱ级	濒危	√	
142	紫茎	*Stewartia sinensis* Rehd. et E. H. Wilson	山茶科		渐危		

附录二 《四川省国家野生保护与珍稀濒危植物名录》查询表
（以拉丁名为序）

编号	拉丁名	中文名	科名	国家保护	红皮书	极小种群	四川保护
A							
1	*Abies chensiensis* Tiegh.	秦岭冷杉	松科	II级	渐危		
2	*Abies georgei* Orr	长苞冷杉	松科		渐危		
3	*Acanthochlamys bracteata* P. C. Kao	芒苞草	芒苞草科	II级			
4	*Acer catalpifolium* Rehder subsp. *Catalpifolium* (Rehder) Y. S. Chen	梓叶槭	槭树科	II级	濒危	√	
5	*Acer pentaphyllum* Diels	五小叶槭	槭树科				√
6	*Aconitum brachypodum* Diels	短柄乌头	毛茛科		渐危		
7	*Alsophila denticulata* Baker	粗齿桫椤	桫椤科	II级			
8	Alsophila metteniana Hance	小黑桫椤	桫椤科	II级			
9	*Alsophila spinulosa* (Wallich ex Hooker) R. M. Tryon	桫椤	桫椤科	II级	渐危		
10	*Amentotaxus argotaenia* (Hance) Pilger	穗花杉	红豆杉科		渐危		
11	*Anisodus tanguticus* (Maxim.) Pascher	山莨菪	茄科	II级			
B							
12	*Brasenia schreberi* J. F. Gmel.	莼菜	莼菜科	I级			
13	*Bretschneidera sinensis* Hemsl.	伯乐树	伯乐树科	I级	稀有		
C							
14	*Camellia luteoflora* Li ex H. T. Chang	小黄花茶	山茶科				√
15	*Camptotheca acuminata* Decne.	喜树	蓝果树科	II级		√	
16	*Cephalotaxus oliveri* Mast	篦子三尖杉	三尖杉科	II级	渐危		
17	*Ceratopteris thalictroides* (L.) Brongn.	水蕨	凤尾蕨科	II级			
18	*Cercidiphyllum japonicum* Sieb. et Zucc.	连香树	连香树科	II级	稀有		
19	*Changnienia amoena* S. S. Chien	独花兰	兰科		稀有		
20	*Cibotium barometz* (Linnaeus) J. Smith	金毛狗蕨	金毛狗蕨科	II级			
21	*Cinnamomum camphora* (L.) J. Presl	樟	樟科	II级			
22	*Cinnamomum longipaniculatum* (Gamble) N.Chao ex H. W. Li	油樟	樟科	II级			
23	*Cinnamomum mairei* Lévl.	银叶桂	樟科		濒危		
24	*Circaeaster agresis* Maxim.	星叶草	毛茛科		稀有		
25	*Coptis chinensis* Franch.	黄连	毛茛科				
26	*Coptis gulinensis* T.Z.Wang	古蔺黄连	毛茛科				√

编号	拉丁名	中文名	科名	国家保护	红皮书	极小种群	四川保护
27	*Coptis omeiensis* (Chen) C. Y. Cheng	峨眉黄连	毛茛科		濒危		
28	*Corylus chinensis* Franch	华榛	桦木科		渐危		
29	*Cunninghamia unicandiculata* D.Y.Wang et H.L.Liu	德昌杉木	杉科		濒危		
30	*Cupressus chengiana* S.Y.Hu	岷江柏木	柏科	II 级	渐危		
31	*Cupressus chengiana* var. *jiangeensis* (N. Zhao) Silba	剑阁柏木	柏科				√
32	*Cycas panzhihuaensis* L. Zhou et S. Y. Yang	攀枝花苏铁	苏铁科	I 级	濒危		
33	*Cycas szechuanensis* Cheng et L. K. Fu	四川苏铁	苏铁科	I 级		√	
34	*Cypripedium lichiangense* S. C. Chen	丽江杓兰	兰科			√	
35	*Cypripedium margaritaceum* Franch.	斑叶杓兰	兰科			√	√
36	*Cypripedium micranthum* Franch.	小花杓兰	兰科			√	
37	*Cypripedium palangshanense* T. Tang et F. T. Wang	巴郎山杓兰	兰科			√	√
38	*Cystoathyrium chinense* Ching	光叶蕨	冷蕨科	I 级	濒危	√	
D							
39	*Davidia involucrata* Baill.	珙桐	蓝果树科	I 级	稀有		
40	*Davidia involucrata* var. *vilmoriniana*(Dode)Wanger	光叶珙桐	蓝果树科	I 级	稀有		
41	*Dipteronia sinensis* Oliv.	金钱槭	槭树科		稀有		
42	*Dysosma versipellis* (Hance) M. Cheng ex T. S. Ying	八角莲	小檗科		渐危		
E							
43	*Elymus breviaristatus* Keng ex P.C.Keng	短芒披碱草	禾本科	II 级			
44	*Elymus sinosubmuticus* S. L. Chen	无芒披碱草	禾本科	II 级			
45	*Emmenopterys henryi* Oliv.	香果树	茜草科	II 级	稀有		
46	*Euchresta japonica* Regel	山豆根	豆科	II 级	濒危		
47	*Eucommia ulmoides* Oliver	杜仲	杜仲科		稀有		
48	*Euptelea pleiosperma* Hook. f. et Thoms.	领春木	领春木科		稀有		
F							
49	*Fagopyrum dibotrys* (D. Don) H.Hara	金荞	蓼科	II 级			
50	*Fagus chienii* Cheng	平武水青冈	壳斗科				√
51	*Fagus hayatae* Palib. ex Hayata	台湾水青冈	壳斗科	II 级	渐危		
52	*Firmiana major* (W. W. Smith) Hand.-Mazz.	云南梧桐	梧桐科		稀有		
53	*Fokienia hodginsii* (Dunn) Henry et Thomas	福建柏	柏科	II 级	渐危		
G							
54	*Gastrodia elata* Bl.	天麻	兰科		渐危		

编号	拉丁名	中文名	科名	国家保护	红皮书	极小种群	四川保护
55	*Glycine soja* Sieb. et zucc	野大豆	豆科	II 级	渐危		
56	*Glyptostrobus pensilis* (Staunton ex D.Don) K.Koch	水松	杉科	I 级	稀有	√	
H							
57	*Heteropolygonatum pendulum* (Z. G. Liu et X. H. Hu) M. N. Tamura et Ogisu	垂茎异黄精	百合科				√
58	*Holcoglossum omeiense* Z. H. Tsi ex X. H. Jin et S. C. Chen	峨眉槽舌兰	兰科			√	
59	*Houpoëa officinalis* (Rehder et E. H. Wilson) N. H. Xia et C. Y. Wu	厚朴	木兰科	II 级	渐危		
I							
60	*Isoëtes hypsophila* Handel-Mazzetti	高寒水韭	水韭科	I 级			
J							
61	*Juglans mandshurica* Maxim	胡桃楸	胡桃科		渐危		
62	*Juglans regia* L.	胡桃	胡桃科		渐危		
K							
63	*Kingdonia uniflora* Balf.f. et W. W. Sm.	独叶草	毛茛科	I 级	稀有		
L							
64	*Larix mastersiana* Rehder et E. H. Wilson	四川红杉	松科	II 级	濒危		
65	*Liriodendron chinense* (Hemsl.) Sarg.	鹅掌楸	木兰科	II 级	稀有		
66	*Litchi chinensis* Sonn.	野生荔枝	无患子科		渐危		
M							
67	*Machilus nanmu* (Oliv.) Hemsl.	润楠	樟科	II 级	渐危		
68	*Malus sikkimensis* (Wenz.) Koehne	锡金海棠	蔷薇科		稀有		
69	*Manglietia insignis* (Wall.) Bl.	红花木莲	木兰科		渐危		
70	*Manglietia patungensis* Hu	巴东木莲	木兰科		濒危		
71	*Meconopsis punicea* Maxim.	红花绿绒蒿	罂粟科	II 级			
72	*Michelia wilsonii* Finet et Gagnepain.	峨眉含笑	木兰科	II 级	濒危	√	
73	*Myricaria laxiflora* (Franch.) P. Y. Zhang et Y. J. Zhang	疏花水柏枝	柽柳科				√
N							
74	*Neocheiropteris palmatopedata* (Baker) Christ	扇蕨	水龙骨科	II 级	渐危		
75	*Neopicrorhiza scrophulariiflora* (Pennell) D. Y. Hong	胡黄连	玄参科	II 级	濒危		
76	*Nouelia insignis* Franch.	栌菊木	菊科		稀有		
O							

编号	拉丁名	中文名	科名	国家保护	红皮书	极小种群	四川保护
77	*Ophiocordyceps sinensis* (Berk.) G.H. Sung, J.M. Sung, Hywel-Jones & Spatafora	虫草（冬虫夏草）	蛇孢虫草科	II级			
78	*Ophioglossumthermale* Kom.	狭叶瓶尔小草	瓶尔小草科		渐危		
79	*Ormosia henryi* Prain	花榈木	豆科	II级			
80	*Ormosia hosiei* Hemsl.et Wils.	红豆树	豆科	II级	渐危		
81	*Ormosia yaanensis* N. Chao	雅安红豆	豆科				√
82	*Ottelia acuminata* (Gagnep.) Dandy	海菜花	水鳖科		渐危		
83	*Ottelia acuminata* var. *crispa* (Hand.-Mazz.) H. Li	波叶海菜花	水鳖科				√
84	*Oyama sinensis* (Rehder et E. H. Wilson) N. H. Xia et C. Y. Wu	圆叶玉兰	木兰科	II级	渐危		
85	*Oyama wilsonii* (Finet et Gagnepain) N. H. Xia et C. Y. Wu	西康玉兰	木兰科	II级	渐危		
P							
86	*Paeonia decomposita* Hand.-Mazz.	四川牡丹	芍药科		濒危		√
87	*Paeonia delavayi*var. *lutea* (Delavay ex Franch.) Finet et Gagn.	黄牡丹	芍药科		渐危		
88	*Paradombeya sinensis* Dunn	平当树	梧桐科	II级			
89	*Parakmeria omeiensis* Cheng	峨眉拟单性木兰	木兰科	I级	濒危	√	
90	*Pennisetum sichuanense* S. L. Chen et Y. X. Jin	四川狼尾草	禾本科	II级			
91	*Phellodendron chinense* Schneid.	川黄檗	芸香科	II级			
92	*Phoebe zhennan* S. Lee et F. N. Wei	桢楠	樟科	II级	渐危		
93	*Picea asperata* var. *aurantiaca* (Masters) Boom	白皮云杉	松科		濒危		
94	*Picea brachytyla* (Franchet) E. Pritzel	麦吊云杉	松科		渐危		
95	*Picea brachytyla* var. *complanata* (Masters) W. C. Cheng ex Rehder	油麦吊云杉	松科	II级			
96	*Picea likiangensis* var. *montigena* (Mast.) Cheng ex Chen	康定云杉	松科		濒危		√
97	*Picea neoveitchii* Mast.	大果青扦	松科	II级	濒危		
98	*Pomatosace filicula* Maxim.	羽叶点地梅	报春花科	II级			
99	*Psammosilene tunicoides* W. C. Wu et C. Y. Wu	金铁锁	石竹科	II级	稀有		
100	*Pseudotsuga forrestii* Craib	澜沧黄杉	松科	II级	渐危		
101	*Pseudotsuga sinensis* Dode	黄杉	松科	II级	渐危		
102	*Pseudotsuga xichangensis* C. T. Kuan et L. J. Zhou	西昌黄杉	松科	II级		√	√
103	*Pteroceltis tatarinowii* Maxim.	青檀	榆科		稀有		
104	*Pterostyrax psilophylla* Diels ex Perk.	白辛树	安息香科		渐危		

编号	拉丁名	中文名	科名	国家保护	红皮书	极小种群	四川保护
	Q						
105	*Qiongzhuea tumidinoda* hsueh et Yi	筇竹	禾本科		稀有		
	R						
106	*Rehderodendron macrocarpum* Hu	木瓜红	安息香科		渐危		
107	*Rhododendron cyanocarpum* (Franch.) W. W. Smith	蓝果杜鹃	杜鹃花科		渐危		
108	*Rhododendron rex* subsp. *fictolacteum* (Balf.f.) chamb. ex cullen et chamb.	假乳黄叶杜鹃	杜鹃花科		渐危		
109	*Rhododendron rex* Lév.	大王杜鹃	杜鹃花科		渐危		
110	*Rhoiptelea chiliantha* Diels et Hand.-Mazz.	马尾树	马尾树科	Ⅱ级	稀有		
	S						
111	*Salix magnifica* Hemsl.	大叶柳	杨柳科		渐危		
112	*Salweenia bouffordiana* H. Sun, Z. M. Li et J. P. Yue	雅砻江冬麻豆	豆科				√
113	*Scheuchzeria palustris* Linn.	冰沼草	冰沼草科	Ⅱ级			
114	*Semiliquidambar cathayensis* Chang	半枫荷	金缕梅科	Ⅱ级	稀有		
115	*Sibbaldia omeiensis* Yü et Li	峨眉山莓草	蔷薇科		濒危		
116	*Sinopodophyllum hexandrum* (Royle) Ying	桃儿七	小檗科		稀有		
117	*Aleuritopteris grevilloeoides*(Christ)G.M.Zhang ex X.C.Zhang	中国蕨	凤尾蕨科	Ⅱ级	稀有		
118	*Sinowilsonia henryi* Hemsl.	山白树	金缕梅科		稀有		
119	*Sordepidium glaciale* Christ	玉龙蕨	鳞毛蕨科	Ⅰ级	稀有		
120	*Sorghum propinquum* (Kunth) Hitchc.	拟高粱	禾本科	Ⅱ级			
121	*Stewartia sinensis* Rehd. et E. H. Wilson	紫茎	山茶科		渐危		
122	*Syringa pinnatifolia* Hemsl.	羽叶丁香	木犀科		濒危		
	T						
123	*Tapiscia sinensis* Oliv.	瘿椒树	省沽油科		稀有		
124	*Taxus wallichiana* var. *chinensis* (Pilg.) Florin	红豆杉	红豆杉科	Ⅰ级			
125	*Taxus wallichiana* var. *mairei* (Lemée et H. Lév.) L. K. Fu et Nan Li	南方红豆杉	红豆杉科	Ⅰ级			
126	*Taxus wallichiana* Zucc.	喜马拉雅红豆杉	红豆杉科	Ⅰ级	濒危		
127	*Taxus yunnanensis* Cheng et L.K.Fu	云南红豆杉	红豆杉科	Ⅰ级			
128	*Tetracentron sinensis* Oliv.	水青树	水青树	Ⅱ级	稀有		
129	*Thuja sutchuenensis* Franch	崖柏	柏科		濒危	√	√

编号	拉丁名	中文名	科名	国家保护	红皮书	极小种群	四川保护
130	*Toona ciliata* var. *pubescens* (Franch) Hand	毛红椿	楝科	Ⅱ级			
131	*Toona ciliata* M.Roem.	红椿	楝科	Ⅱ级	渐危		
132	*Torreya fargesii* Franchet	巴山榧树	红豆杉科	Ⅱ级			
133	*Torreya parvifolia* T.P. Yi, L. Yang et T.L. Long	四川榧	红豆杉科	Ⅱ级			
134	*Trailliaedoxa gracilis* W. W. Smith et Forrest	丁茜	茜草科	Ⅱ级			
135	*Trapa incisa* Sieb. et Zucc.	细果野菱	菱科	Ⅱ级			
136	*Tricholoma matsutake* (S. Ito & S. Imai) Singer	松口蘑（松茸）	口蘑科	Ⅱ级			
137	*Trillium tschonoskii* Maxim.	延龄草	百合科		渐危		
138	*Tsuga chinensis* var. *forrestii* (Downie) Silba	丽江铁杉	松科		渐危		
U							
139	*Urophysa rockii* Uibr.	距瓣尾囊草	毛茛科				√
Y							
140	*Yulania dawsoniana* (Rehder et E. H. Wilson) D. L. Fu	康定木兰	木兰科				√
Z							
141	*Zelkova schneideriana* Hand.-Mazz.	大叶榉树	榆科	Ⅱ级			

附录三 《国家重点保护野生植物名录（第一批）》
（四川省）查询表

编号	中文名	拉丁名	科名	国家保护	红皮书	极小种群	四川保护
1	高寒水韭	*Isoëtes hypsophila* Handel-Mazzetti	水韭科	I级			
2	光叶蕨	*Cystoathyrium chinense* Ching	冷蕨科	I级	濒危	√	
3	玉龙蕨	*Sordepidium glaciale* Christ	鳞毛蕨科	I级	稀有		
4	攀枝花苏铁	*Cycas panzhihuaensis* L. Zhou et S. Y. Yang	苏铁科	I级	濒危		
5	四川苏铁	*Cycas szechuanensis* Cheng et L. K. Fu	苏铁科	I级		√	
6	水松	*Glyptostrobus pensilis* (Staunton ex D.Don) K.Koch	杉科	I级	稀有	√	
7	红豆杉	*Taxus wallichiana* var. *chinensis* (Pilg.) Florin	红豆杉科	I级			
8	喜马拉雅红豆杉	*Taxus wallichiana* Zucc.	红豆杉科	I级	濒危		
9	云南红豆杉	*Taxus yunnanensis* Cheng et L.K.Fu	红豆杉科	I级			
10	南方红豆杉	*Taxus wallichiana* var. *mairei* (Lemée et H. Lév.) L. K. Fu et Nan Li	红豆杉科	I级			
11	莼菜	*Brasenia schreberi* J. F. Gmel.	莼菜科	I级			
12	独叶草	*Kingdonia uniflora* Balf.f. et W. W. Sm.	毛茛科	I级	稀有		
13	峨眉拟单性木兰	*Parakmeria omeiensis* Cheng	木兰科	I级	濒危	√	
14	伯乐树	*Bretschneidera sinensis* Hemsl.	伯乐树科	I级	稀有		
15	珙桐	*Davidia involucrata* Baill.	蓝果树科	I级	稀有		
16	光叶珙桐	*Davidia involucrata* var. *vilmoriniana*(Dode)Wanger	蓝果树科	I级	稀有		
17	虫草（冬虫夏草）	*Ophiocordyceps sinensis* (Berk.) G.H. Sung, J.M. Sung, Hywel-Jones & Spatafora	蛇孢虫草科	II级			
18	松口蘑（松茸）	*Tricholoma matsutake* (S. Ito & S. Imai) Singer	口蘑科	II级			
19	金毛狗蕨	*Cibotium barometz* (Linnaeus) J. Smith	金毛狗蕨科	II级			
20	桫椤	*Alsophila spinulosa* (Wallich ex Hooker) R. M. Tryon	桫椤科	II级	渐危		
21	粗齿桫椤	*Alsophila denticulata* Baker	桫椤科	II级			
22	小黑桫椤	*Alsophila metteniana* Hance	桫椤科	II级			
23	中国蕨	*Aleuritopteris grevilloeoides*(Christ)G.M.Zhang ex X.C.Zhang	凤尾蕨科	II级	稀有		
24	水蕨	*Ceratopteris thalictroides* (L.) Brongn.	凤尾蕨科	II级			
25	扇蕨	*Neocheiropteris palmatopedata* (Baker) Christ	水龙骨科	II级	渐危		
26	秦岭冷杉	*Abies chensiensis* Tiegh.	松科	II级	渐危		

编号	中文名	拉丁名	科名	国家保护	红皮书	极小种群	四川保护
27	四川红杉	*Larix mastersiana* Rehder et E. H. Wilson	松科	II级	濒危		
28	油麦吊云杉	*Picea brachytyla* var. *complanata* (Masters) W. C. Cheng ex Rehder	松科	II级			
29	大果青扦	*Picea neoveitchii* Mast.	松科	II级	濒危		
30	黄杉	*Pseudotsuga sinensis* Dode	松科	II级	渐危		
31	澜沧黄杉	*Pseudotsuga forrestii* Craib	松科	II级	渐危		
32	西昌黄杉	*Pseudotsuga xichangensis* C. T. Kuan et L. J. Zhou	松科	II级		√	√
33	岷江柏木	*Cupressus chengiana* S.Y.Hu	柏科	II级	渐危		
34	福建柏	*Fokienia hodginsii* (Dunn) Henry et Thomas	柏科	II级	渐危		
35	篦子三尖杉	*Cephalotaxus oliveri* Mast	三尖杉科	II级	渐危		
36	巴山榧树	*Torreya fargesii* Franchet	红豆杉科	II级			
37	四川榧	*Torreya parvifolia* T.P. Yi, L. Yang et T.L. Long	红豆杉科	II级			
38	台湾水青冈	*Fagus hayatae* Palib. ex Hayata	壳斗科	II级	渐危		
39	大叶榉树	*Zelkova schneideriana* Hand.-Mazz.	榆科	II级			
40	金荞	*Fagopyrum dibotrys* (D. Don) H.Hara	蓼科	II级			
41	金铁锁	*Psammosilene tunicoides* W. C. Wu et C. Y. Wu	石竹科	II级	稀有		
42	连香树	*Cercidiphyllum japonicum* Sieb. et Zucc.	连香树科	II级	稀有		
43	鹅掌楸	*Liriodendron chinense* (Hemsl.) Sarg.	木兰科	II级	稀有		
44	厚朴	*Houpoëa officinalis* (Rehder et E. H. Wilson) N. H. Xia et C. Y. Wu	木兰科	II级	渐危		
45	圆叶玉兰	*Oyama sinensis* (Rehder et E. H. Wilson) N. H. Xia et C. Y. Wu	木兰科	II级	渐危		
46	西康玉兰	*Oyama wilsonii* (Finet et Gagnepain) N. H. Xia et C. Y. Wu	木兰科	II级	渐危		
47	峨眉含笑	*Michelia wilsonii* Finet et Gagnepain.	木兰科	II级	濒危	√	
48	水青树	*Tetracentron sinensis* Oliv.	水青树	II级	稀有		
49	樟	*Cinnamomum camphora* (L.) J. Presl	樟科	II级			
50	油樟	*Cinnamomum longipaniculatum* (Gamble) N.Chao ex H. W. Li	樟科	II级			
51	润楠	*Machilus nanmu* (Oliv.) Hemsl.	樟科	II级	渐危		
52	桢楠	*Phoebe zhennan* S. Lee et F. N. Wei	樟科	II级	渐危		
53	红花绿绒蒿	*Meconopsis punicea* Maxim.	罂粟科	II级			
54	半枫荷	*Semiliquidambar cathayensis* Chang	金缕梅科	II级	稀有		

编号	中文名	拉丁名	科名	国家保护	红皮书	极小种群	四川保护
55	山豆根	*Euchresta japonica* Regel	豆科	II级	濒危		
56	野大豆	*Glycine soja* Sieb. et zucc	豆科	II级	渐危		
57	红豆树	*Ormosia hosiei* Hemsl.et Wils.	豆科	II级	渐危		
58	花榈木	*Ormosia henryi* Prain	豆科	II级			
59	川黄檗	*Phellodendron chinense* Schneid.	芸香科	II级			
60	红椿	*Toona ciliata* M.Roem.	楝科	II级	渐危		
61	毛红椿	*Toona ciliata* var. *pubescens* (Franch)Hand	楝科	II级			
62	梓叶槭	*Acer catalpifolium* Rehder subsp. *Catalpifolium* (Rehder) Y. S. Chen	槭树科	II级	濒危	√	
63	平当树	*Paradombeya sinensis* Dunn	梧桐科	II级			
64	喜树	*Camptotheca acuminata* Decne.	蓝果树科	II级		√	
65	细果野菱	*Trapa incisa* Sieb. et Zucc.	菱科	II级			
66	乌苏里狐尾藻	*Myriophyllum ussuriense* (Regel) Maxim.	小二仙草科	II级			
67	羽叶点地梅	*Pomatosace filicula* Maxim.	报春花科	II级			
68	胡黄连	*Neopicrorhiza scrophulariiflora* (Pennell) D. Y. Hong	玄参科	II级	濒危		
69	山莨菪	*Anisodus tanguticus* (Maxim.) Pascher	茄科	II级			
70	香果树	*Emmenopterys henryi* Oliv.	茜草科	II级	稀有		
71	丁茜	*Trailliaedoxa gracilis* W. W. Smith et Forrest	茜草科	II级			
72	冰沼草	*Scheuchzeria palustris* Linn.	冰沼草科	II级			
73	马尾树	*Rhoiptelea chiliantha* Diels et Hand.-Mazz.	马尾树科	II级	稀有		
74	四川狼尾草	*Pennisetum sichuanense* S. L. Chen et Y. X. Jin	禾本科	II级			
75	无芒披碱草	*Elymus sinosubmuticus* S. L. Chen	禾本科	II级			
76	短芒披碱草	*Elymus breviaristatus* Keng ex P.C.Keng	禾本科	II级			
77	拟高粱	*Sorghum propinquum* (Kunth) Hitchc.	禾本科	II级			
78	芒苞草	*Acanthochlamys bracteata* P. C. Kao	芒苞草科	II级			

附录四 《中国植物红皮书—珍稀濒危植物名录（第一册）》（四川省）查询表

编号	中文名	拉丁名	科名	国家保护	红皮书	极小种群	四川保护
1	光叶蕨	*Cystoathyrium chinense* Ching	冷蕨科	Ⅰ级	濒危	√	
2	攀枝花苏铁	*Cycas panzhihuaensis* L. Zhou et S. Y. Yang	苏铁科	Ⅰ级	濒危		
3	四川红杉	*Larix mastersiana* Rehder et E. H. Wilson	松科	Ⅱ级	濒危		
4	康定云杉	*Picea likiangensis* var. *montigena* (Mast.) Cheng ex Chen	松科		濒危		√
5	白皮云杉	*Picea asperata* var. *aurantiaca* (Masters) Boom	松科		濒危		
6	大果青扦	*Picea neoveitchii* Mast.	松科	Ⅱ级	濒危		
7	德昌杉木	*Cunninghamia unicandiculata* D.Y.Wang et H.L.Liu	杉科		濒危		
8	崖柏	*Thuja sutchuenensis* Franch.	柏科		濒危	√	√
9	喜马拉雅红豆杉	*Taxus wallichiana* Zucc.	红豆杉科	Ⅰ级	濒危		
10	峨眉黄连	*Coptis omeiensis* (Chen) C. Y. Cheng	毛茛科		濒危		
11	四川牡丹	*Paeonia decomposita* Hand.-Mazz.	芍药科		濒危		√
12	巴东木莲	*Manglietia patungensis* Hu	木兰科		濒危		
13	峨眉含笑	*Michelia wilsonii* Finet et Gagnepain.	木兰科	Ⅱ级	濒危	√	
14	峨眉拟单性木兰	*Parakmeria omeiensis* Cheng	木兰科	Ⅰ级	濒危	√	
15	银叶桂	*Cinnamomum mairei* Lévl.	樟科		濒危		
16	峨眉山莓草	*Sibbaldia omeiensis* Yü et Li	蔷薇科		濒危		
17	山豆根	*Euchresta japonica* Regel	豆科	Ⅱ级	濒危		
18	梓叶槭	*Acer catalpifolium* Rehder subsp. *Catalpifolium* (Rehder) Y. S. Chen	槭树科	Ⅱ级	濒危	√	
19	羽叶丁香	*Syringa pinnatifolia* Hemsl.	木犀科		濒危		
20	胡黄连	*Neopicrorhiza scrophulariiflora* (Pennell) D. Y. Hong	玄参科	Ⅱ级	濒危		
21	中国蕨	*Aleuritopteris grevilloeoides*(Christ)G.M.Zhang ex X.C.Zhang	凤尾蕨科	Ⅱ级	稀有		
22	玉龙蕨	*Sordepidium glaciale* Christ	鳞毛蕨科	Ⅰ级	稀有		
23	水松	*Glyptostrobus pensilis* (Staunt.) Koch	杉科	Ⅰ级	稀有	√	
24	青檀	*Pteroceltis tatarinowii* Maxim.	榆科		稀有		
25	金铁锁	*Psammosilene tunicoides* W. C. Wu et C. Y. Wu	石竹科	Ⅱ级	稀有		
26	领春木	*Euptelea pleiosperma* Hook. f. et Thoms.	领春木科		稀有		
27	连香树	*Cercidiphyllum japonicum* Sieb. et Zucc.	连香树科	Ⅱ级	稀有		
28	星叶草	*Circaeaster agresis* Maxim.	毛茛科		稀有		

编号	中文名	拉丁名	科名	国家保护	红皮书	极小种群	四川保护
29	独叶草	*Kingdonia uniflora* Balf.f. et W. W. Sm.	毛茛科	I级	稀有		
30	桃儿七	*Sinopodophyllum hexandrum* (Royle) Ying	小檗科		稀有		
31	鹅掌楸	*Liriodendron chinense* (Hemsl.) Sarg.	木兰科	II级	稀有		
32	水青树	*Tetracentron sinensis* Oliv.	水青树	II级	稀有		
33	伯乐树	*Bretschneidera sinensis* Hemsl.	伯乐树科	I级	稀有		
34	山白树	*Sinowilsonia henryi* Hemsl.	金缕梅科		稀有		
35	半枫荷	*Semiliquidambar cathayensis* Chang	金缕梅科	II级	稀有		
36	杜仲	*Eucommia ulmoides* Oliver.	杜仲科		稀有		
37	锡金海棠	*Malus sikkimensis* (Wenz.) Koehne	蔷薇科		稀有		
38	瘿椒树	*Tapiscia sinensis* Oliv.	瘿椒树科		稀有		
39	金钱槭	*Dipteronia sinensis* Oliv.	槭树科		稀有		
40	云南梧桐	*Firmiana major* (W. W. Smith) Hand.-Mazz.	梧桐科		稀有		
41	光叶珙桐	*Davidia involucrata* var. *vilmoriniana* (Dode) Wanger.	蓝果树科	I级	稀有		
42	珙桐	*Davidia involucrata* Baill.	蓝果树科	I级	稀有		
43	香果树	*Emmenopterys henryi* Oliv.	茜草科	II级	稀有		
44	栌菊木	*Nouelia insignis* Franch.	菊科		稀有		
45	马尾树	*Rhoiptelea chiliantha* Diels et Hand.-Mazz.	马尾树科	II级	稀有		
46	筇竹	*Qiongzhuea tumidinoda* hsueh et Yi	禾本科		稀有		
47	独花兰	*Changnienia amoena* S. S. Chien	兰科		稀有		
48	狭叶瓶尔小草	*Ophioglossum thermale* Kom.	瓶尔小草科		渐危		
49	桫椤	*Alsophila spinulosa* (Wallich ex Hooker) R. M. Tryon	桫椤科	II级	渐危		
50	扇蕨	*Neocheiropteris palmatopedata* (Baker) Christ	水龙骨科	II级	渐危		
51	秦岭冷杉	*Abies chensiensis* Tiegh.	松科	II级	渐危		
52	长苞冷杉	*Abies georgei* Orr	松科		渐危		
53	麦吊云杉	*Picea brachytyla* (Franchet) E. Pritzel	松科		渐危		
54	黄杉	*Pseudotsuga sinensis* Dode	松科	II级	渐危		
55	澜沧黄杉	*Pseudotsuga forrestii* Craib	松科	II级	渐危		
56	丽江铁杉	*Tsuga chinensis* var. *forrestii* (Downie) Silba	松科		渐危		
57	岷江柏木	*Cupressus chengiana* S.Y.Hu	柏科	II级	渐危		
58	福建柏	*Fokienia hodginsii* (Dunn) Henry et Thomas	柏科	II级	渐危		
59	篦子三尖杉	*Cephalotaxus oliveri* Mast	三尖杉科	II级	渐危		

编号	中文名	拉丁名	科名	国家保护	红皮书	极小种群	四川保护
60	穗花杉	*Amentotaxus argotaenia* (Hance) Pilger	红豆杉科		渐危		
61	大叶柳	*Salix magnifica* Hemsl.	杨柳科		渐危		
62	胡桃楸	*Juglans mandshurica* Maxim	胡桃科		渐危		
63	胡桃	*Juglans regia* L.	胡桃科		渐危		
64	华榛	*Corylus chinensis* Franch	桦木科		渐危		
65	台湾水青冈	*Fagus hayatae* Palib. ex Hayata	壳斗科	II级	渐危		
66	短柄乌头	*Aconitum brachypodum* Diels	毛莨科		渐危		
67	黄牡丹	*Paeonia delavayi* var. *lutea* (Delavay ex Franch.) Finet et Gagn.	芍药科		渐危		
68	八角莲	*Dysosma versipellis* (Hance) M. Cheng ex T. S. Ying	小檗科		渐危		
69	厚朴	*Houpoëa officinalis* (Rehder et E. H. Wilson) N. H. Xia et C. Y. Wu	木兰科	II级	渐危		
70	圆叶玉兰	*Oyama sinensis* (Rehder et E. H. Wilson) N. H. Xia et C. Y. Wu	木兰科	II级	渐危		
71	西康玉兰	*Oyama wilsonii* (Finet et Gagnepain) N. H. Xia et C. Y. Wu	木兰科	II级	渐危		
72	红花木莲	*Manglietia insignis* (Wall.) Bl.	木兰科		渐危		
73	润楠	*Machilus nanmu* (Oliv.) Hemsl.	樟科	II级	渐危		
74	桢楠	*Phoebe zhennan* S. Lee et F. N. Wei	樟科	II级	渐危		
75	野大豆	*Glycine soja* Sieb. et zucc	豆科	II级	渐危		
76	红豆树	*Ormosia hosiei* Hemsl.et Wils.	豆科	II级	渐危		
77	红椿	*Toona ciliata* M.Roem.	楝科	II级	渐危		
78	野生荔枝	*Litchi chinensis* Sonn.	无患子科		渐危		
79	紫茎	*Stewartia sinensis* Rehd. et E. H. Wilson	山茶科		渐危		
80	假乳黄叶杜鹃	*Rhododendron rex* subsp. *fictolacteum* (Balf.f.) chamb. ex cullen et chamb.	杜鹃花科		渐危		
81	蓝果杜鹃	*Rhododendron cyanocarpum* (Franch.) W. W. Smith	杜鹃花科		渐危		
82	大王杜鹃	*Rhododendron rex* Lév.	杜鹃花科		渐危		
83	白辛树	*Pterostyrax psilophylla* Diels ex Perk.	安息香科		渐危		
84	木瓜红	*Rehderodendron macrocarpum* Hu	安息香科		渐危		
85	海菜花	*Ottelia acuminata* (Gagnep.) Dandy	水鳖科		渐危		
86	延龄草	*Trillium tschonoskii* Maxim.	百合科		渐危		
87	天麻	*Gastrodia elata* Bl.	兰科		渐危		

附录五 《全国极小种群野生植物名录》 （四川省）查询表

编号	中文名	拉丁名	科名	国家保护	红皮书	四川保护
1	光叶蕨	*Cystoathyrium chinense* Ching	冷蕨科	Ⅰ级	濒危	
2	四川苏铁	*Cycas szechuanensis* Cheng et L. K. Fu	苏铁科	Ⅰ级		
3	西昌黄杉	*Pseudotsuga xichangensis* C. T. Kuan et L. J. Zhou	松科	Ⅱ级		√
4	水松	*Glyptostrobus pensilis* (Staunt.) Koch	杉科	Ⅰ级	稀有	
5	崖柏	*Thuja sutchuenensis* Franch	柏科		濒危	√
6	峨眉含笑	*Michelia wilsonii* Finet et Gagnepain.	木兰科	Ⅱ级	濒危	
7	峨眉拟单性木兰	*Parakmeria omeiensis* Cheng	木兰科	Ⅰ级	濒危	
8	梓叶槭	*Acer catalpifolium* Rehder subsp. *Catalpifolium* (Rehder) Y. S. Chen	槭树科	Ⅱ级	濒危	
9	喜树	*Camptotheca acuminata* Decne.	蓝果树科	Ⅱ级		
10	丽江杓兰	*Cypripedium lichiangense* S. C. Chen	兰科			
11	斑叶杓兰	*Cypripedium margaritaceum* Franch.	兰科			√
12	小花杓兰	Cypripedium micranthum Franch.	兰科			
13	巴郎山杓兰	*Cypripedium palangshanense* T. Tang et F. T. Wang	兰科			√
14	峨眉槽舌兰	*Holcoglossum omeiense* Z. H. Tsi ex X. H. Jin et S. C. Chen	兰科			

附录六 《四川省重点保护野生植物名录》查询表

编号	中文名	拉丁名	科名	国家保护	红皮书	极小种群
1	康定云杉	*Picea likiangensis* var. *montigena* (Mast.) Cheng ex Chen	松科		濒危	
2	西昌黄杉	*Pseudotsuga xichangensis* C. T. Kuan et L. J. Zhou	松科	II级		√
3	剑阁柏木	*Cupressus chengiana* var. *jiangeensis* (N. Zhao) Silba	柏科			
4	崖柏	*Thuja sutchuenensis* Franch	柏科		濒危	√
5	平武水青冈	*Fagus chienii* Cheng	壳斗科			
6	古蔺黄连	*Coptis gulinensis* T.Z.Wang	毛茛科			
7	四川牡丹	*Paeonia decomposita* Hand.-Mazz.	芍药科		濒危	
8	距瓣尾囊草	*Urophysa rockii* Uibr.	毛茛科			
9	康定木兰	*Yulania dawsoniana* (Rehder et E. H. Wilson) D. L. Fu	木兰科			
10	雅安红豆	*Ormosia yaanensis* N. Chao	豆科			
11	雅砻江冬麻豆	*Salweenia bouffordiana* H. Sun, Z. M. Li et J. P. Yue	豆科			
12	五小叶槭	*Acer pentaphyllum* Diels	槭树科			
13	小黄花茶	*Camellia luteoflora* Li ex H. T. Chang	山茶科			
14	疏花水柏枝	*Myricaria laxiflora* (Franch.) P. Y. Zhang et Y. J. Zhang	柽柳科			
15	波叶海菜花	*Ottelia acuminata* var. *crispa* (Hand.-Mazz.) H. Li	水鳖科			
16	垂茎异黄精	*Heteropolygonatum pendulum* (Z. G. Liu et X. H. Hu) M. N. Tamura et Ogisu	百合科			
17	斑叶杓兰	*Cypripedium margaritaceum* Franch.	兰科			√
18	巴郎山杓兰	*Cypripedium palangshanense* T. Tang et F. T. Wang	兰科			√

附录七 《国家重点保护植物野生植物（第一批）》
四川省县级分布查询表

地级 行政区	县级 行政区	国家Ⅰ级	国家Ⅱ级
成都市	新都区		桢楠
成都市	温江区		水蕨、喜树
成都市	双流区		金荞
成都市	郫都区		厚朴
成都市	大邑县	珙桐	水蕨、厚朴、水青树、桢楠、梓叶槭、喜树
成都市	新津县		水蕨、桢楠
成都市	都江堰市	红豆杉、南方红豆杉、独叶草、珙桐、光叶珙桐	四川红杉、篦子三尖杉、大叶榉树、金荞、连香树、鹅掌楸、厚朴、圆叶玉兰、峨眉含笑、水青树、樟、油樟、润楠、桢楠、红豆树、花榈木、川黄檗、红椿、毛红椿、梓叶槭、喜树、香果树
成都市	彭州市	南方红豆杉、珙桐、光叶珙桐	连香树、厚朴、水青树、红椿、梓叶槭、喜树、香果树
成都市	崇州市		水蕨、金荞、厚朴、樟、桢楠、梓叶槭、喜树
成都市	邛崃市	红豆杉、南方红豆杉	桫椤、水蕨、台湾水青冈、金荞、厚朴、峨眉含笑、油樟、桢楠、红椿、梓叶槭、香果树
成都市	简阳市		梓叶槭
绵阳市	涪城区		野大豆
绵阳市	安州区	珙桐	金荞、连香树、樟、油樟、香果树
绵阳市	平武县	红豆杉、南方红豆杉、独叶草、珙桐	虫草（冬虫夏草）、四川红杉、大果青扦、大叶榉树、连香树、厚朴、西康玉兰、峨眉含笑、水青树、樟、油樟、桢楠、红豆树、川黄檗、红椿、梓叶槭、喜树、香果树
绵阳市	江油市		红豆树
绵阳市	北川羌族自治县	红豆杉、珙桐	大果青扦、巴山榧树、连香树、厚朴、峨眉含笑、水青树、樟、油樟、红豆树、毛红椿、梓叶槭、喜树、香果树
自贡市	自流井区		水蕨、喜树
自贡市	贡井区		喜树

地级行政区	县级行政区	国家 I 级	国家 II 级
自贡市	大安区		喜树
自贡市	沿滩区		喜树
自贡市	荣县		桫椤、桢楠、红豆树、喜树
自贡市	富顺县		红豆树、喜树
攀枝花市	东区		红椿、毛红椿、喜树
攀枝花市	西区	攀枝花苏铁、四川苏铁	扇蕨、金铁锁、红椿、毛红椿、喜树
攀枝花市	仁和区	攀枝花苏铁、四川苏铁	黄杉、金铁锁、红椿、毛红椿、喜树
攀枝花市	米易县	攀枝花苏铁	松口蘑（松茸）、桫椤、中国蕨、扇蕨、黄杉、澜沧黄杉、金铁锁、峨眉含笑、油樟、桢楠、川黄檗、红椿、毛红椿、喜树、香果树、丁茜
攀枝花市	盐边县		松口蘑（松茸）、扇蕨、油麦吊云杉、黄杉、金荞、金铁锁、连香树、西康玉兰、油樟、桢楠、红椿、毛红椿、喜树、马尾树
泸州市	合江县	水松、红豆杉、南方红豆杉	金毛狗蕨、桫椤、粗齿桫椤、福建柏、厚朴、润楠、桢楠、川黄檗
泸州市	叙永县	伯乐树	金毛狗蕨、桫椤、小黑桫椤、福建柏、鹅掌楸、厚朴、峨眉含笑、水青树、油樟、润楠、桢楠、野大豆、红豆树、喜树、香果树
泸州市	古蔺县	南方红豆杉、珙桐	金毛狗蕨、桫椤、粗齿桫椤、扇蕨、福建柏、鹅掌楸、峨眉含笑、润楠、桢楠、半枫荷、红豆树、香果树
德阳市	广汉市		桢楠、野大豆、喜树
德阳市	什邡市	珙桐	厚朴、圆叶玉兰、峨眉含笑、樟、喜树
德阳市	绵竹市		喜树
广元市	利州区		喜树
广元市	昭化区		红豆树、喜树
广元市	朝天区		巴山榧树、喜树
广元市	旺苍县	红豆杉、南方红豆杉、独叶草	巴山榧树、台湾水青冈、喜树、香果树
广元市	青川县	红豆杉、珙桐、光叶珙桐	中国蕨、巴山榧树、连香树、厚朴、水青树、油樟、喜树、香果树
广元市	剑阁县		野大豆、红豆树、喜树
广元市	苍溪县		红豆树、喜树
内江市	东兴区		喜树

地级 行政区	县级 行政区	国家Ⅰ级	国家Ⅱ级
内江市	资中县		喜树
内江市	隆昌县		喜树
内江市	威远县		金毛狗蕨、桫椤、喜树
乐山市	沙湾区		桫椤、桢楠
乐山市	五通桥区		桫椤
乐山市	犍为县		桫椤、小黑桫椤、润楠、桢楠、红豆树
乐山市	夹江县		连香树、水青树、梓叶槭
乐山市	沐川县	南方红豆杉	金毛狗蕨、桫椤、小黑桫椤、篦子三尖杉、峨眉含笑、油樟、润楠、桢楠、红豆树、香果树
乐山市	峨眉山市	四川苏铁、红豆杉、须弥红豆杉、云南红豆杉、南方红豆杉、独叶草、峨眉拟单性木兰、伯乐树、珙桐、光叶珙桐	金毛狗蕨、桫椤、小黑桫椤、水蕨、四川红杉、油麦吊云杉、大果青扦、篦子三尖杉、巴山榧树、金荞、连香树、鹅掌楸、厚朴、圆叶玉兰、西康玉兰、峨眉含笑、水青树、樟、油樟、润楠、桢楠、山豆根、野大豆、红豆树、花榈木、川黄檗、红椿、毛红椿、梓叶槭、喜树、细果野菱、香果树
乐山市	峨边彝族自治县	红豆杉、伯乐树、珙桐、光叶珙桐	金毛狗蕨、油麦吊云杉、巴山榧树、金荞、连香树、厚朴、西康玉兰、峨眉含笑、水青树、油樟、润楠、野大豆、梓叶槭、喜树、香果树
乐山市	马边彝族自治县	红豆杉、南方红豆杉、伯乐树、珙桐、光叶珙桐	小黑桫椤、油麦吊云杉、篦子三尖杉、连香树、鹅掌楸、水青树、油樟、润楠、红椿、喜树、香果树
宜宾市	翠屏区		桢楠
宜宾市	南溪区		金毛狗蕨、桢楠
宜宾市	宜宾县		金毛狗蕨、桫椤、小黑桫椤、金荞、厚朴、樟、油樟、润楠、桢楠、红豆树、川黄檗、喜树、香果树
宜宾市	江安县		润楠、桢楠
宜宾市	长宁县	南方红豆杉	金毛狗蕨、桫椤、小黑桫椤、福建柏、金荞、樟、油樟、润楠、桢楠、红豆树、川黄檗、喜树
宜宾市	高县		金毛狗蕨、油樟、桢楠

地级 行政区	县级 行政区	国家Ⅰ级	国家Ⅱ级
宜宾市	筠连县	伯乐树、珙桐	桫椤、篦子三尖杉、鹅掌楸、水青树、油樟、润楠、桢楠、川黄檗、梓叶槭、香果树
宜宾市	珙县	珙桐	桫椤、连香树、樟、油樟、桢楠
宜宾市	兴文县		油樟、润楠、桢楠
宜宾市	屏山县	莼菜、伯乐树、珙桐、光叶珙桐	金毛狗蕨、桫椤、福建柏、鹅掌楸、水青树、油樟、润楠、桢楠、平当树、喜树
南充市	顺庆区		喜树
南充市	高坪区		喜树
南充市	嘉陵区		喜树
南充市	西充县		喜树
南充市	南部县		喜树
南充市	蓬安县		喜树
南充市	营山县		喜树
南充市	仪陇县		喜树
南充市	阆中市		喜树
达州市	达川区		红豆树、拟高粱
达州市	宣汉县		金荞、厚朴、红豆树
达州市	大竹县	南方红豆杉	喜树、拟高粱
达州市	渠县		喜树
达州市	万源市	红豆杉、南方红豆杉、珙桐、光叶珙桐	秦岭冷杉、黄杉、巴山榧树、台湾水青冈、连香树、鹅掌楸、厚朴、油樟、桢楠、红豆树、川黄檗、香果树
雅安市	雨城区		金毛狗蕨、桫椤、金荞、油樟、润楠、山豆根
雅安市	名山区		润楠、桢楠、梓叶槭、喜树
雅安市	荥经县	红豆杉、南方红豆杉、伯乐树、珙桐、光叶珙桐	金荞、厚朴、西康玉兰、峨眉含笑、油樟、润楠、桢楠、梓叶槭、香果树
雅安市	汉源县	红豆杉、南方红豆杉	金荞、厚朴、圆叶玉兰、西康玉兰、峨眉含笑、水青树、桢楠
雅安市	石棉县	红豆杉、南方红豆杉、独叶草、珙桐	松口蘑（松茸）、四川红杉、油麦吊云杉、岷江柏木、篦子三尖杉、大叶榉树、连香树、圆叶玉兰、西康玉兰、水青树、樟、润楠、桢楠、野大豆、梓叶槭、香果树

地级 行政区	县级 行政区	国家Ⅰ级	国家Ⅱ级
雅安市	天全县	光叶蕨、红豆杉、南方红豆杉、独叶草、伯乐树、珙桐、光叶珙桐	四川红杉、油麦吊云杉、台湾水青冈、金荞、连香树、厚朴、圆叶玉兰、西康玉兰、水青树、油樟、润楠、桢楠、野大豆、川黄檗、红椿、梓叶槭、喜树、香果树
雅安市	芦山县	红豆杉、南方红豆杉	金毛狗蕨、四川红杉、厚朴、圆叶玉兰、润楠、桢楠、野大豆
雅安市	宝兴县	玉龙蕨、红豆杉、南方红豆杉、独叶草、珙桐、光叶珙桐	四川红杉、油麦吊云杉、大果青杆、澜沧黄杉、巴山榧树、金荞、连香树、厚朴、圆叶玉兰、水青树、油樟、润楠、桢楠、红花绿绒蒿、野大豆、川黄檗、红椿、梓叶槭、香果树、冰沼草
阿坝 藏族羌族自 治州	马尔康市	红豆杉、须弥红豆杉、南方红豆杉、独叶草	虫草（冬虫夏草）、松口蘑（松茸）、四川红杉、岷江柏木、红花绿绒蒿、山莨菪
阿坝 藏族羌族自 治州	金川县	红豆杉、须弥红豆杉、南方红豆杉、独叶草	虫草（冬虫夏草）、松口蘑（松茸）、岷江柏木、红花绿绒蒿、山莨菪
阿坝 藏族羌族自 治州	小金县	红豆杉、南方红豆杉、独叶草	虫草（冬虫夏草）、松口蘑（松茸）、四川红杉、大果青杆、岷江柏木、连香树、红花绿绒蒿
阿坝 藏族羌族自 治州	阿坝县		虫草（冬虫夏草）、连香树、红花绿绒蒿、山莨菪、短芒披碱草
阿坝 藏族羌族自 治州	若尔盖县		虫草（冬虫夏草）、金荞、红花绿绒蒿、羽叶点地梅、山莨菪
阿坝 藏族羌族自 治州	红原县	高寒水韭	虫草（冬虫夏草）、金荞、红花绿绒蒿、羽叶点地梅、山莨菪、短芒披碱草
阿坝 藏族羌族自 治州	壤塘县		虫草（冬虫夏草）、松口蘑（松茸）、红花绿绒蒿、山莨菪、短芒披碱草
阿坝 藏族羌族自 治州	汶川县	玉龙蕨、红豆杉、南方红豆杉、独叶草、伯乐树、珙桐、光叶珙桐	虫草（冬虫夏草）、中国蕨、扇蕨、四川红杉、油麦吊云杉、岷江柏木、金荞、连香树、厚朴、圆叶玉兰、水青树、樟、红花绿绒蒿、梓叶槭、喜树、香果树

地级 行政区	县级 行政区	国家 I 级	国家 II 级
阿坝 藏族羌族自 治州	理县	玉龙蕨、红豆杉、南方红豆杉、独叶草、 珙桐	虫草（冬虫夏草）、松口蘑（松茸）、四川红杉、 油麦吊云杉、大果青扦、岷江柏木、连香树、 厚朴、峨眉含笑、水青树、红花绿绒蒿、梓叶槭、 山莨菪
阿坝藏族羌 族自治州	茂县	红豆杉、南方红豆杉、独叶草、珙桐	虫草（冬虫夏草）、松口蘑（松茸）、中国蕨、 四川红杉、油麦吊云杉、岷江柏木、巴山榧树、 连香树、厚朴、红花绿绒蒿、梓叶槭、喜树、 山莨菪
阿坝藏族羌 族自治州	松潘县	南方红豆杉、独叶草、珙桐	虫草（冬虫夏草）、四川红杉、连香树、厚朴、 圆叶玉兰、西康玉兰、红花绿绒蒿、羽叶点地梅、 山莨菪、香果树、短芒披碱草
阿坝藏族羌 族自治州	九寨沟县	红豆杉、独叶草	虫草（冬虫夏草）、秦岭冷杉、四川红杉、岷 江柏木、连香树、水青树、红花绿绒蒿
阿坝藏族羌 族自治州	黑水县	独叶草	虫草（冬虫夏草）、四川红杉、红花绿绒蒿、 山莨菪
甘孜藏族自 治州	康定市	玉龙蕨、红豆杉、云南红豆杉、独叶草	虫草（冬虫夏草）、松口蘑（松茸）、四川红杉、 油麦吊云杉、岷江柏木、金荞、连香树、厚朴、 西康玉兰、水青树、樟、梓叶槭、喜树、山莨菪、 无芒披碱草、短芒披碱草、芒苞草
甘孜藏族自 治州	泸定县	红豆杉、云南红豆杉、独叶草	虫草（冬虫夏草）、松口蘑（松茸）、四川红杉、 油麦吊云杉、澜沧黄杉、西昌黄杉、金荞、连香树、 厚朴、西康玉兰、峨眉含笑、水青树、樟、油樟、 润楠、桢楠、川黄檗、喜树、香果树
甘孜藏族自 治州	丹巴县	红豆杉、南方红豆杉	虫草（冬虫夏草）、松口蘑（松茸）、四川红杉、 岷江柏木、连香树
甘孜藏族自 治州	九龙县	高寒水韭、玉龙蕨、红豆杉、南方红豆杉、独 叶草	虫草（冬虫夏草）、松口蘑（松茸）、扇蕨、 油麦吊云杉、金荞、连香树、水青树、山莨菪、 香果树
甘孜藏族自 治州	雅江县		虫草（冬虫夏草）、松口蘑（松茸）、山莨菪、 短芒披碱草、芒苞草
甘孜藏族自 治州	道孚县		虫草（冬虫夏草）、松口蘑（松茸）、山莨菪、 短芒披碱草、芒苞草
甘孜藏族自 治州	炉霍县		虫草（冬虫夏草）、松口蘑（松茸）、红花绿绒蒿、 山莨菪、无芒披碱草、短芒披碱草、芒苞草

地级 行政区	县级 行政区	国家 I 级	国家 II 级
甘孜藏族自治州	甘孜县	玉龙蕨	虫草（冬虫夏草）、松口蘑（松茸）、红花绿绒蒿、乌苏里狐尾藻、山莨菪、短芒披碱草、芒苞草
甘孜藏族自治州	新龙县		虫草（冬虫夏草）、松口蘑（松茸）、山莨菪
甘孜藏族自治州	德格县		虫草（冬虫夏草）、松口蘑（松茸）、红花绿绒蒿、羽叶点地梅、山莨菪、无芒披碱草、短芒披碱草
甘孜藏族自治州	白玉县	高寒水韭	虫草（冬虫夏草）、松口蘑（松茸）、山莨菪、无芒披碱草、芒苞草
甘孜藏族自治州	石渠县		虫草（冬虫夏草）、松口蘑（松茸）、红花绿绒蒿、羽叶点地梅、山莨菪、无芒披碱草
甘孜藏族自治州	色达县		虫草（冬虫夏草）、松口蘑（松茸）、红花绿绒蒿、山莨菪、短芒披碱草
甘孜藏族自治州	理塘县	高寒水韭	虫草（冬虫夏草）、松口蘑（松茸）、山莨菪
甘孜藏族自治州	巴塘县		虫草（冬虫夏草）、松口蘑（松茸）、金铁锁、山莨菪、短芒披碱草
甘孜藏族自治州	乡城县		虫草（冬虫夏草）、松口蘑（松茸）、油麦吊云杉、金铁锁、山莨菪、芒苞草
甘孜藏族自治州	稻城县	高寒水韭、玉龙蕨	虫草（冬虫夏草）、松口蘑（松茸）、油麦吊云杉、澜沧黄杉、金铁锁、山莨菪、短芒披碱草、芒苞草
甘孜藏族自治州	得荣县		虫草（冬虫夏草）、松口蘑（松茸）、油麦吊云杉、金铁锁、山莨菪、四川狼尾草
凉山彝族自治州	西昌市	须弥红豆杉、云南红豆杉、莼菜	松口蘑（松茸）、扇蕨、油麦吊云杉、黄杉、澜沧黄杉、西昌黄杉、西康玉兰、桢楠、红椿、毛红椿、喜树、细果野菱、丁茜
凉山彝族自治州	德昌县	攀枝花苏铁、须弥红豆杉、云南红豆杉	松口蘑（松茸）、扇蕨、西昌黄杉、金铁锁、樟、桢楠、野大豆、红椿、毛红椿、香果树、丁茜
凉山彝族自治州	会理县	攀枝花苏铁	扇蕨、金荞、金铁锁、西康天女花、峨眉含笑
凉山彝族自治州	会东县	攀枝花苏铁	黄杉、福建柏、金荞、金铁锁、厚朴、圆叶玉兰、西康玉兰、水青树、樟、油樟、红椿
凉山彝族自治州	宁南县	攀枝花苏铁、四川苏铁	黄杉

地级 行政区	县级 行政区	国家Ⅰ级	国家Ⅱ级
凉山彝族自 治州	普格县		扇蕨、黄杉、澜沧黄杉、金荞、连香树、西康玉兰、 油樟、桢楠、野大豆、红椿、喜树、香果树
凉山彝族自 治州	布拖县		四川榧、连香树、水青树
凉山彝族自 治州	昭觉县		扇蕨
凉山彝族自 治州	金阳县	红豆杉	油麦吊云杉、篦子三尖杉、连香树、水青树、樟、 红椿、胡黄连、丁茜
凉山彝族自 治州	雷波县	红豆杉、南方红豆杉、莼菜、伯乐树、珙桐、 光叶珙桐	桫椤、油麦吊云杉、福建柏、篦子三尖杉、连香树、 厚朴、西康玉兰、峨眉含笑、水青树、油樟、润楠、 桢楠、红椿、梓叶槭、香果树、丁茜
凉山彝族自 治州	美姑县	红豆杉、南方红豆杉、珙桐	油麦吊云杉、连香树、厚朴、西康玉兰、水青树、 川黄檗、喜树
凉山彝族自 治州	甘洛县		扇蕨、油麦吊云杉、厚朴、无芒披碱草、短芒 披碱草
凉山彝族自 治州	越西县	红豆杉、南方红豆杉、珙桐	松口蘑（松茸）、扇蕨、油麦吊云杉、黄杉、 篦子三尖杉、连香树、西康玉兰、水青树、 香果树
凉山彝族自 治州	喜德县		松口蘑（松茸）、西康天女花、喜树
凉山彝族自 治州	冕宁县		松口蘑（松茸）、扇蕨、四川红杉、油麦吊云杉、 黄杉、澜沧黄杉、西昌黄杉、连香树、厚朴、 圆叶玉兰、西康玉兰、水青树、油樟、红椿、 香果树、丁茜、峨热竹
凉山彝族自 治州	盐源县	攀枝花苏铁、须弥红豆杉、云南红豆杉	松口蘑（松茸）、扇蕨、油麦吊云杉、篦子三尖杉、 金铁锁、红椿、香果树
凉山彝族自 治州	木里藏族自 治县	玉龙蕨、红豆杉、须弥红豆杉、云南红豆杉、 珙桐	虫草（冬虫夏草）、松口蘑（松茸）、扇蕨、 油麦吊云杉、黄杉、澜沧黄杉、篦子三尖杉、 金荞、金铁锁、野大豆、胡黄连、山莨菪、 四川狼尾草
广安市	邻水县		桫椤、油樟、红豆树、拟高粱
广安市	岳池县		金毛狗蕨、喜树
广安市	华蓥市		喜树

地级 行政区	县级 行政区	国家Ⅰ级	国家Ⅱ级
巴中市	巴州区		樟、红豆树、喜树
巴中市	恩阳区		樟、红豆树、喜树
巴中市	平昌县	红豆杉	樟、喜树
巴中市	通江县	红豆杉	台湾水青冈、连香树、鹅掌楸、厚朴、樟、红豆树、喜树
巴中市	南江县	红豆杉	秦岭冷杉、巴山榧树、台湾水青冈、连香树、鹅掌楸、厚朴、西康玉兰、水青树、樟、野大豆、红豆树、喜树
眉山市	彭山区		水蕨、喜树
眉山市	丹棱县		桢楠
眉山市	青神县		细果野菱
眉山市	洪雅县	玉龙蕨、红豆杉、南方红豆杉、独叶草、伯乐树、珙桐	桫椤、小黑桫椤、扇蕨、油麦吊云杉、篦子三尖杉、巴山榧树、连香树、鹅掌楸、厚朴、圆叶玉兰、西康玉兰、峨眉含笑、水青树、樟、油樟、润楠、桢楠、红豆树、川黄檗、红椿、毛红椿、梓叶槭、喜树、香果树

附录八 摄影和绘画作者名单

以下列出本书所用照片的提供者、单位及对应的照片内容。照片提供者按照姓氏汉语拼音排序。物种名后括号内为具体拍摄部位，未标注的表示该物种全部照片由该拍摄人员提供。

蔡 杰（中国科学院昆明植物研究所）

木瓜红（花）

陈家辉（中国科学院昆明植物研究所）

羽叶点地梅（生境、花、果）

陈静飞（重拾自然生物科技有限公司）

虫草

松茸（子实体）

陈 林（南京林业大学）

羽叶丁香（枝条、花序）

程新颖（中国科学院成都生物研究所）

松口磨（松茸）扉页手绘图

党高弟（陕西佛坪国家级自然保护区管理局）

秦岭冷杉（球果）

邓亨林（中国科学院成都生物研究所）

五小叶槭（果枝、植株）

邓 强（贵州省盘县电视台）

光叶珙桐

付志玺（四川师范大学）

秦岭冷杉（植株）

冯 钰（浙江大学）

金钱槭（生境、花序、果枝）

郝云庆（成都信息工程大学）

攀枝花苏铁（生境、小孢子叶球）

康定云杉（植株、果枝）

黄杉（植株、生境）

西昌黄杉（球果）

巴山榧树（枝条）

华榛（果）

台湾水青冈（枝条）

云南梧桐（果实）

何景鑫（自贡市林业局）

粗齿桫椤（叶背）

水蕨（叶片）

胡　君〔中国科学院成都生物研究所〕

高寒水韭

金毛狗蕨（叶轴、羽片）

桫椤（叶柄）

小黑桫椤

四川红杉（生境、植株、枝条）

德昌杉木（植株）

岷江柏木（生境、球果）

红豆杉（生境、雄花）

云南红豆杉（生境）

大叶柳

胡桃楸（生境、雄花、雌花）

胡桃（雄花、雌花）

金铁锁

连香树（植株、叶、果枝）

短柄乌头（生境）

星叶草（生境、果实）

黄连（植株、果实）

距瓣尾囊草（生境、果实）

八角莲（花冠）

桃儿七（植株、果实）

鹅掌楸（花、果枝）

康定木兰（植株、生境）

厚朴（花、花枝）

峨眉含笑（植株）

水青树（叶枝）

樟（生境）

油樟（生境）

桢楠（生境、植株）

半枫荷（植株、枝条、果实）

杜仲（果枝）

红豆树（生境、种子）

雅安红豆

红椿（生境）

毛红椿（生境）

瘿椒树（生境）

梓叶槭（果序、枝条）

五小叶槭（叶）

荔枝（生境）

疏花水柏枝

喜树（生境、果序）

珙桐（生境、植株、花枝）

香果树（生境）

独花兰（花、花侧面、生境）

蒋　蕾（中国科学院昆明植物研究所）

丽江铁杉（植株、球果、枝条）

蒋　勇（四川贡嘎山国家级自然保护区管理局）

垂茎异黄精（植株、群落、果实）

蒋天沐（浙江大学）

樟（花序）

花榈木（荚果）

鞠文彬（中国科学院成都生物研究所）

羽叶丁香（生境、叶背）

白皮云杉（植株）

赖阳均（中国科学院南京地质古生物研究所）

冰沼草（花）

李策红（四川省自然资源科学研究院峨眉山生物资源实验站）

扇蕨（植株、叶）

篦子三尖杉（幼株、种子、树干）

南方红豆杉（种子）

巴山榧树（雌花）

峨眉黄连

厚朴（植株、果枝）

圆叶天女花（生境）

峨眉含笑（果枝）

峨眉拟单性木兰

润楠（花枝、果枝）

桢楠（花枝、果枝）

喜树（植株）

白辛树（生境、花）

木瓜红（果枝）

香果树（花枝、果枝、植株）

筇竹（竿环）

峨眉槽舌兰（花、植株、生境）

李　伦（四川逐野国际旅行社有限公司）

领春木（果实）

独叶草（生境）

野大豆（花）

延龄草（生境）

李　蒙（中国科学院成都生物研究所）

锡金海棠

李小杰（四川省自然资源科学研究院峨眉山生物资源实验站）

西康天女花（花冠）

瘿椒树（果实）

刘　昂（中南林业科技大学）

峨眉含笑（花枝、花）

刘　冰（中国科学院植物研究所）

大果青扦（球果、枝条）

胡黄连（植株、群落、果实）

刘德团（中国科学院昆明植物研究所）

丽江铁杉（叶背）

刘基男（重拾自然工作室）

白皮云杉（树干、枝条、球果）

剑阁柏木（枝条）

喜马拉雅红豆杉（叶、种子）

胡桃（生境）

圆叶天女花（花枝、花冠、雌雄蕊、叶背）

红花木莲（花蕾）

珙桐（果实）

延龄草（花正面、花侧面）

天麻（根状茎）

刘军（浙江大学）

巴东木莲（幼果）

斑叶杓兰（生境、花：背面）

刘庆明（中山大学）

水蕨（生境、植株）

刘玉株（厦门大学）

半枫荷（叶）

卢　元（西安植物园）

秦岭冷杉（生境）

胡桃（果）

青檀（果）

领春木（花序）

独叶草（果）

鹅掌楸（花枝）

水青树（花）

山白树（花序）

杜仲（雄花）

野大豆（生境、叶）

红豆树（花）

瘿椒树（花序）

骆　适（深圳市宝安区环境监测站）

银叶桂

丽江椰子（重拾自然工作室）

平当树（花）

栌菊木（花序、花枝、植株）

莫海波（上海辰山植物园）

莼菜（花、生境）

花榈木（果枝）

帕　莱（黄龙国家级风景名胜区管理局）

巴郎山杓兰

潘红丽（四川省林业科学研究院）

攀枝花苏铁（植株、大孢子叶球）

乔永康（中国科学院成都生物研究所）

五小叶槭（生境）

任明波（重庆市药物种植研究所）

拟高粱

宋　鼎（昆明理工大学）

水蕨（叶背）

扇蕨（孢子囊）

秦岭冷杉（叶）

长苞冷杉

云南红豆杉（枝条）

青檀（树干、叶枝）

大叶榉树

西康天女花（生境）

红花木莲（植株、果实）

樟（植株）

山白树（果枝、果序）

红椿（植株）

云南梧桐（植株、叶）

紫茎

蓝果杜鹃

大王杜鹃

假乳黄杜鹃

海菜花（生境）

孙 海（成都自然足迹文化传播有限公司）

莼菜（植株）

八角莲（生境、果实）

山豆根

川黄檗（花序）

峨眉槽舌兰（花序）

孙庆美（成都金尚品珠宝有限公司）

领春木（叶）

星叶草（幼株）

桃儿七（花）

西康天女花（花枝）

海菜花（花、花序、植株）

延龄草（植株）

斑叶杓兰（植株、花：正面）

唐 勤（云南大学）

平武水青冈（生境）

台湾水青冈（植株、生境）

汪 远（上海辰山植物园）

细果野菱（生境、果实）

王家才（四川省眉山市洪雅县洪雅林场）

玉龙蕨（植株）

黄连（生境）

伯乐树

白辛树（枝条）

木瓜红（花枝、幼果）

天麻（植株、生境）

王玉兵（三峡大学）

台湾水青冈（果）

巴东木莲（花枝、花）

王玉泉（雅江县林业局）

松茸（全株、生境）

卫 然（中国科学院植物研究所）

粗齿桫椤（植株）

光叶蕨

玉龙蕨（生境）

魏　奇（贵州大学）

　　狭叶瓶尔小草（全株、叶片、孢子囊穗）

　　金毛狗蕨（生境）

　　粗齿桫椤（孢子囊、生境）

　　中国蕨

伍小刚（中国科学院成都生物研究所）

　　四川苏铁（植株、大孢子叶球、小孢子叶球）

　　水松（膝根）

　　大果青扦（生境、植株）

　　岷江柏木（枝条）

　　剑阁柏木（生境、植株、树干）

　　福建柏（生境）

　　连香树（生境）

　　润楠（生境、植株）

　　梓叶槭（植株、树干）

　　金钱槭（果枝）

肖之强（中国科学院武汉植物园）

　　平当树（生境、枝条）

熊豫宁（江苏省中国科学院植物研究所）

　　德昌杉木（球果、雄球花）

　　青檀（果枝）

　　红花木莲（花枝）

　　樟（果枝）

　　山白树（花枝）

　　杜仲（植株）

　　峨眉山莓草

　　野大豆（果实）

　　川黄檗（果实）

　　瘿椒树（果枝）

　　喜树（花枝）

　　细果野菱（植株）

　　白辛树（果）

　　独花兰（植株）

徐　波（中国科学院成都生物研究所）

　　芒苞草

徐　波（西南林业大学）

　　独叶草（植株、花）

四川牡丹（生境、果实）

鹅掌楸（生境）

雅砻江冬麻豆

羽叶点地梅（植株）

胡黄连（生境）

丁茜

徐　婷（重拾自然工作室）

桫椤（生境）

扇蕨（生境）

四川苏铁（生境）

四川红杉（球果）

麦吊云杉

岷江柏木（植株）

崖柏（生境、枝条）

篦子三尖杉（叶）

红豆杉（植株、种子）

胡桃楸（果）

古蔺黄连（生境）

西康天女花（果实）

红豆树（植株）

徐晔春（广东省农业科学研究院花卉研究所）

水松（植株）

穗花杉

喜马拉雅红豆杉（枝条）

乌苏里狐尾藻

筇竹（叶）

天麻（花序）

狭叶瓶尔小草（群落）

阳小成（成都理工大学）

波叶海菜花

杨晓庆（重拾自然工作室）

荔枝（树干、果实、花枝）

易思容（重庆市药物种植研究所）

桫椤（植株、孢子囊）

玉龙蕨（群落、孢子囊）

崖柏（植株、球果）

黄牡丹

易同培（四川农业大学）

　　四川樫（生境、种子）

印开蒲（中国科学院成都生物研究所）

　　康定云杉（生境）

　　垂茎异黄精（生境）

余　奇（中国科学院成都生物研究所）

　　丽江杓兰

叶建飞（中国科学院植物研究所）

　　四川狼尾草

曾秀丽（西藏农牧学院）

　　四川牡丹（花被片、花枝）

曾佑派（中国科学院华南植物园）

　　油麦吊云杉

　　黄杉（叶背、球果）

　　西昌黄杉（植株、枝条）

　　福建柏（球果）

　　巴山樫树（生境、种子）

　　领春木（枝条）

　　水青树（植株、花枝）

　　油樟（枝条、果实）

　　红椿（叶、果枝）

　　毛红椿（枝条）

　　栌菊木（叶枝）

张昌兵（四川省草原科学研究院）

　　无芒披碱草

　　短芒披碱草

张磊（四川大学）

　　康定云杉（球果）

张　挺（中国科学院昆明植物研究所）

　　短柄乌头（植株、花序）

　　平当树（花序）

　　喜马拉雅红豆杉（植株）

　　云南红豆杉（叶）

张亚洲（中国科学院昆明植物研究所）

　　山莨菪

张玉霄（中国科学院昆明植物研究所）

　　筇竹（植株、竹竿）

赵中国（古蔺县林业局）

小黄花茶

周华明（甘孜州林业科学研究所）

康定木兰（花、花枝）

周听鸿（黄龙国家级风景名胜区管理局）

小花杓兰

周　縓（通化师范学院）

冰沼草（花序、果实、植株）

朱　攀（中国科学院成都生物研究所）

金毛狗（幼叶）

福建柏（植株、树干）

南方红豆杉（生境、植株、小枝）

平武水青冈（枝条、果）

星叶草（植株）

桃儿七（生境）

距瓣尾囊草（短距、植株）

八角莲（花序）

红花绿绒蒿

杜仲（叶）

花榈木（生境、植株）

朱鑫鑫（信阳师范学院）

澜沧黄杉

水松（球果、叶枝）

华榛（生境、雄花）

金荞（生境、植株、果）

川黄檗（植株、枝条）

马尾树

四　川

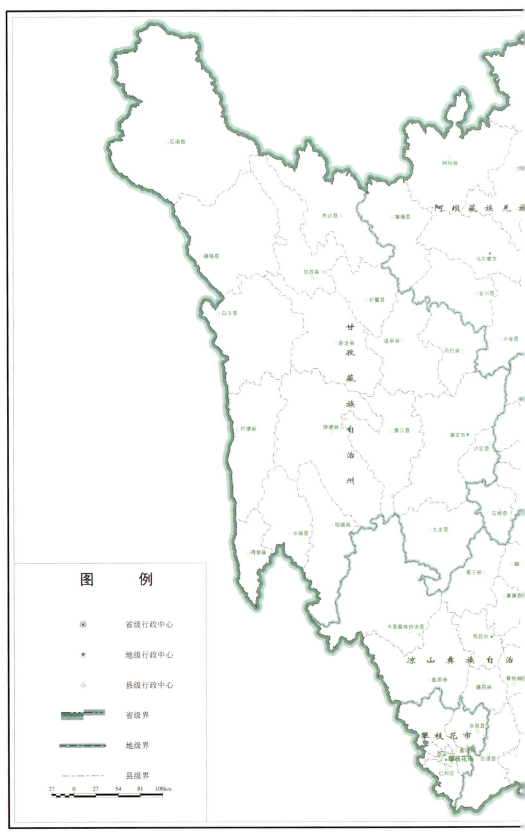

图　例

省级行政中心

地级行政中心

县级行政中心

省级界

地级界

县级界

27　0　27　54　81　108km

地 图

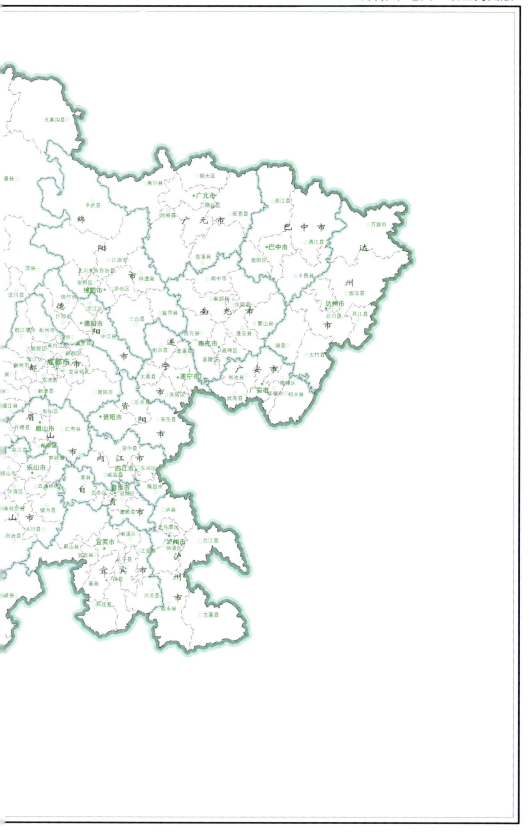